乳化沥青及沥青改性技术应用研究

冯义虎　陶开金　王春祺　著

U0262210

西北工业大学出版社

西　安

【内容简介】 改性沥青优良的性能有效增强了路面负荷能力，降低了因负荷过重造成的路面疲劳，成倍地延长了路面的使用寿命，当前已经被广泛用于高等级公路、机场跑道以及桥梁的铺装。本书以乳化沥青及沥青改性技术为研究对象，将理论研究与施工经验相结合，从实用的角度阐述了乳化沥青及沥青改性技术的原理及检测方法、生产工艺与设备及其工程应用。

本书可供从事公路工程材料、设备研发、路面施工等相关专业技术人员阅读参考。

图书在版编目（CIP）数据

乳化沥青及沥青改性技术应用研究 / 冯义虎，陶开金，王春祺著 . —西安：西北工业大学出版社，2020.8
ISBN 978-7-5612-6804-9

Ⅰ . ①乳… Ⅱ . ①冯… ②陶… ③王… Ⅲ . ①乳化沥青 - 改性沥青 - 研究 Ⅳ . ① TE626.8

中国版本图书馆 CIP 数据核字（2019）第 255436 号

RUHUA LIQING JI LIQING GAIXING JISHU YINGYONG YANJIU

乳 化 沥 青 及 沥 青 改 性 技 术 应 用 研 究

责任编辑：华一瑾		策划编辑：华一瑾	
责任校对：朱晓娟		装帧设计：李 飞	
出版发行：西北工业大学出版社			
通信地址：西安市友谊西路 127 号		邮编：710072	
电 话：(029)88491757，88493844			
网 址：www.nwpup.com			
印 刷 者：陕西向阳印务有限公司			
开 本：710 mm×1000 mm		1/16	
印 张：13.875			
字 数：256 千字			
版 次：2020 年 8 月第 1 版		2020 年 8 月第 1 次印刷	
定 价：48.00 元			

如有印装问题请与出版社联系调换

前　言

　　进入 21 世纪以来，我国国民经济水平不断提高，交通作为经济发展的主要条件之一，具有重要地位。随着经济的发展，落后的公路交通已经不能满足其发展需要。于是我国迎来了高等级公路建设的新阶段，在高阶段公路建设中沥青路面凭借其自身优点被广泛使用。现阶段交通的发达，运输车辆的增加，开始对路面的舒适与耐久等方面提出了更高的要求，于是乳化沥青及沥青改性技术应运而生。

　　本书以乳化沥青及沥青改性技术为研究对象，其内容分为七章：第一章是对乳化沥青改性技术的概述，分别介绍了乳化沥青、乳化沥青改性，并阐明了乳化沥青改性技术的标准与检验方法；第二章简述改性乳化沥青的性能，包括 PB 乳胶与有机膨润土的改性乳化沥青性能和 SBS 与 SBR 的改性乳化沥青性能的对比分析；第三章介绍了基于冷再生的乳化沥青改性技术探究；第四章是关于稀浆封层下乳化沥青改性技术的分析；第五章是基于微表处乳化沥青改性技术研究，并就雾封层作为路表处治进行阐述；第六章是泡沫沥青冷再生改性技术研究，从原材料选择与制备工艺、施工技术等方面进行讲解；第七章阐述基于纤维增强应力吸收层的乳化沥青改性技术研究。

　　改性乳化沥青的应用范围十分广泛，具有减少环境污染、节约资源等优点。因此，乳化沥青及沥青改性技术十分重要。

　　写作本书曾参阅了相关文献、资料，在此，谨向其作者深表谢意。

　　本书编写分工为：冯义虎负责第二章、第三章、第四章、第五章和第六章著写，陶开金负责第一章著写，王春祺负责第七章著写。

　　希望本书能为广大读者提供参考和借鉴，若有不当之处，真诚地希望广大读者批评赐教。

编　者

2019 年 3 月

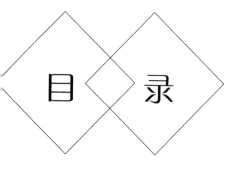

目　录

第一章 乳化沥青改性技术概述

第一节 乳化沥青与乳化沥青改性

一、乳化沥青

乳化沥青是沥青和乳化剂在一定工艺作用下，生成水包油或油包水（具体谁包谁要看乳化剂的种类）的液态沥青。乳化沥青是将通常高温使用的道路沥青，经过机械搅拌和化学稳定的方法（乳化），扩散到水中并且液化成常温下黏度很低、流动性很好的一种道路建筑材料，可以常温使用，也可以和冷、潮湿的石料一起使用。

乳化沥青分为阳离子乳化沥青、阴离子乳化沥青和非离子乳化沥青。阳离子乳化沥青的沥青微粒带正电荷，阴离子乳化沥青微粒带负电荷。当阳离子乳化沥青与骨料表面接触时，由于所带电荷不同，产生异性相吸的作用，两者在有水膜的情况下能使沥青微粒裹覆在骨料表面，仍然能很好吸附结合，因而在阴湿、低温情况下（5℃以上）仍然可以施工。但阴离子乳化沥青正好相反，它与潮湿骨料表面都带负电荷，使其产生同性相斥，沥青微粒不能很快黏附在骨料表面上，若要使沥青微粒裹覆在骨料表面，必须等待乳化液中水分蒸发后才行，所以遇上阴湿或低温季节时就难以施工。当乳化沥青破乳凝固时，还原为连续的沥青并且水分完全排除掉，道路材料的最终强度才能形成。

乳化沥青主要由沥青、乳化剂、稳定剂和水等组成。

（1）沥青。石油沥青的化学组成元素主要是碳（80%～87%）和氢（1%～15%），氧、氮、硫元素的总和一般不超过5%。近年来，国内外普遍应用溶剂沉淀和冲洗色谱法将沥青分离为沥青质、饱和分、芳香分、胶质和蜡五个组分。

沥青是乳化沥青组成的主要材料，沥青的质量直接关系到乳化沥青的性能。经过检验符合道路工程使用要求的沥青，还应该考虑它的易乳化性，沥青的易乳

1

化性与其化学结构有密切关系，溶胶结构型沥青最容易乳化，因为其中的油分含量多，沥青质含量很少，甚至不含沥青质，并且相对分子质量也小，胶粒或胶团完全分散于油分中，胶粒或胶团之间没有吸引力或者吸引力极小，易于被剪切分散，形成稳定的乳液。另外，沥青黏度较小的、针入度较大者易于乳化，通常认为沥青酸总含量大于 1% 的沥青，采用通用乳化剂和一般工艺即可以形成乳化沥青。含蜡含量也被作为重要指标来衡量，蜡含量越高，沥青越难乳化。

（2）乳化剂。乳化剂含量在乳化沥青中所占的比例较小，但其对乳化沥青的生产、贮存及施工都有很大的影响，所以，根据生产乳液的用途、乳化效果来精心地选择乳化剂是非常必要的。通常，复配乳化剂的乳化效果较单一乳化剂好，且用量少。良好的乳化剂应该具备下列性质：乳化能力强，适应范围较大；对乳化沥青蒸发残留物的性质影响较小；价格适中，便于推广应用。

（3）稳定剂。稳定剂的主要作用为增强乳化剂的乳化能力，提高乳化沥青的贮存稳定性，改善乳液的黏度，通常分为无机稳定剂和有机稳定剂两大类。对于季铵盐阳离子乳化剂，添加 $CaCl_2$ 则可以降低乳化剂的用量，而高分子聚乙烯酸、甲基纤维素等物质可以增加水的黏度，从而有利沥青乳液的稳定。

（4）水。水是沥青的分散介质，同时又是乳化剂、pH 值调节剂和稳定剂等原材料的溶剂。当乳化沥青与集料拌和或喷洒时，水能迅速润湿干集料，并吸附于集料表面形成一层薄的水膜，使乳化沥青破乳。

水的硬度及其离子性对乳化沥青生产有较大的影响——既有有利的一面，也有不利的一面。镁离子和钙离子的存在对生产阳离子乳化沥青来说是有利的，有时为了制备更稳定的乳液，在生产过程中加入 $CaCl_2$，将其作为稳定剂。生产阴离子乳化沥青时，镁、钙离子的存在又成为不利因素，这是因为阴离子乳化剂大都是以可溶性的钠或钾盐的形式存在，当有大量的镁和钙离子存在时会形成不溶于水的物质，从而影响乳化效力，甚至会导致乳化失败。碳酸离子、碳酸氢根离子的存在对于形成稳定的阳离子乳化沥青是不利的，这是因为这些离子常常与作为阳离子类乳化剂所常用的水溶性氨基酸盐进行反应，生成不溶性盐，但对于阴离子类乳液，碳酸离子、碳酸氢离子具有缓冲作用，是有利的。此外，水中存在粒状物质时，一般带负电荷物质居多，由于其对阳离子乳化剂的吸附，对阳离子乳液的生产是不利的。因此根据乳化沥青的离子类型，选择符合水质要求的水源会对沥青的乳化起到很好的作用。

在众多的道路建设应用中，乳化沥青提供了一种比热沥青更为安全、节能和环保的系统，因为乳化这种工艺避免了高温操作、加热和有害物质释放。

常温沥青混合料是指在常温下拌和，常温下铺筑的沥青混合料，也可以是冷铺沥青混合料。常温混合料所用的结合料为液体沥青或乳化沥青，为了节约能源，保护环境，乳化沥青混合料是采用乳化沥青与矿料混合料在常温状态下拌和的，经铺筑与压实成型后形成沥青路面，根据矿料的级配类型分为乳化沥青碎石混合料与乳化沥青混凝土混合料。在乳化沥青混合料中，对集料的质量和规格要求与热拌沥青混合料基本相同，乳化沥青碎石混合料的级配可以参照热拌沥青混合料 AM 型的级配，乳化沥青混凝土混合料的级配可以参照热拌沥青混凝土混合料 AC 型的级配。乳化沥青是稀浆封层混合料的黏结材料，其质量的好坏直接影响稀浆封层的质量。

乳化沥青用于道路工程施工时，必须满足以下两个要求：①所生产的乳化沥青在使用前能够保持稳定的乳液状态，储存过程中不发生破乳，即"油水分离"现象；②乳化沥青在实际工程中经喷洒或者拌和后，能够按照要求的时间和速度破乳、凝聚，"还原"成满足要求的沥青材料。

（一）乳化沥青的分类

乳化沥青种类繁多，可以根据不同的分类方法对乳化沥青进行划分，以便对乳化沥青进行针对性的研究。目前，较为常用的分类方法有以下几种：按沥青材料种类划分、按乳化剂亲水亲油平衡值（HLB）划分、按乳化剂离子类型划分、按乳化沥青破乳速度划分和按施工方法划分等。

1. 按沥青材料种类划分

制备乳化沥青的沥青材料一般有基质沥青和改性沥青两种。基质沥青主要包括石油沥青和煤焦油沥青两种，其中石油沥青较为常用；而改性沥青主要有 SBR 胶乳改性沥青、氯丁胶乳改性沥青和 PVC 改性沥青等，其中 SBR 胶乳改性沥青应用最为广泛。

2. 按乳化剂 HLB 划分

乳化剂是表面活性剂的一种，不同 HLB 的表面活性剂在工业上有不同的用途，见表 1-1。根据乳化剂 HLB 的不同，可以制备不同类型的乳状液，主要包括油包水型（W/O）乳化沥青、水包油型（O/W）乳化沥青。通常所指的乳化沥青在不注明的情况下都为水包油型（O/W）乳化沥青，其 HLB 一般为 8 ~ 18。

表 1-1 不同 HLB 的表面活性剂在工业上的用途

HLB 值	工业上的用途	HLB 值	工业上的用途
3 ~ 6	乳化剂（W/O）	13 ~ 15	洗涤剂
7 ~ 9	润湿剂	15 ~ 18	增溶剂
8 ~ 18	乳化剂（O/W）		

3.按乳化剂离子类型划分

根据乳化剂分子亲水基在水中是否电离出电荷，将沥青乳化剂分为离子型和非离子型两大类。由于离子型乳化剂在水中电离出电性不同的电荷，又将离子型乳化剂分为阳离子型、阴离子型和两性离子型乳化剂，由不同离子型乳化剂可以制备不同类型的乳化沥青，以满足实际工程需求。对于离子型乳化剂，从乳化剂分子化学结构对其进行分析，乳化剂分子是一种具有"两亲性"特点的分子：其一端由亲水基组成，具有亲水性；另一端由亲油基组成，具有亲油性。一般亲油基是由差异较小的碳氢原子团所构成，特别是长链烷基；而亲水基原子团种类繁多，各类原子团结构之间差别也较大。因此，沥青乳化剂的分类，一般以亲水基的结构为依据。

4.按乳化沥青破乳速度划分

在道路工程中，由于乳化沥青用途不同，需要制备满足不同技术要求的乳化沥青。因此，根据乳化沥青破乳速度的不同，将其划分为快裂型、中裂型以及慢裂型乳化沥青，其中慢裂型乳化沥青由于其破乳后凝结速度的不同又分为慢裂快凝型和慢裂慢凝型两类。

5.按施工方法划分

当乳化沥青用于不同结构层时，对乳化沥青有不同的技术要求。依据乳化沥青黏度及蒸发残留物含量等技术要求的不同，可以将乳化沥青分为喷洒型和拌和型两大类，其中喷洒型乳化沥青可以用于透层油、黏层油以及下封层，而拌和型乳化沥青则主要用于稀浆封层、微表处和冷拌沥青混合料。

（二）乳化沥青的形成

纯粹的将水和沥青两相混合是不能实现的，能够将沥青分散到水相中的必要条件之一是通过做功的方式。将沥青分散到水相中所做的功（W）等于沥青表面积的增大值（ΔA）乘以表面张力γ，用公式表示为

$$W = \Delta A \gamma$$

由上式可以看出，通过降低表面张力γ的方式，可以明显地减小分散沥青相所做的机械功。而在乳化沥青实际生产中，乳化前将沥青加热至熔融状态需要一定的物理能，乳化过程中使用乳化剂可以降低沥青微粒的表面张力，使用乳化机进行剪切、研磨，则是实施了满足要求的机械能，往往是三者结合起来应用，才能成功地生产出乳化沥青。除此之外，无机盐类助剂、有机稳定剂以及调节皂液 pH 值所用的酸碱溶液，在乳化沥青形成过程中同样起着必不可少

的作用，对生产出的乳化沥青的性能有着不同程度的影响。

（三）乳化沥青的乳化机理

在乳化沥青中，水是分散介质，沥青是分散相，为了使两相在热力学上维持稳定状态，必须加入乳化剂抑制两相分离。在沥青－水两相体系中，乳化剂的作用如下：第一，可以显著降低两相界面张力；第二，根据 Gibbs 吸附理论，乳化剂必然会在界面吸附，形成界面膜，足够的乳化剂浓度可以阻止沥青微粒的凝结；第三，离子型乳化剂可以使沥青微粒带上正或负电荷，使沥青微粒间产生静电排斥作用。因此，在乳化沥青两相体系中，乳化剂是沥青乳化和稳定储存的先决条件。

1. 降低界面张力的作用

在乳化沥青中，通过机械能的作用，沥青以很小的微粒存在，一般粒径为 $3 \sim 5 \mu m$。在这种情况下，沥青相与乳化前相比，比表面积增加很大，沥青相与水相之间就存在非常大的相界面，这就造成沥青－水两相体系的总表面能较高，从而使乳化沥青成为热力学上的不稳定体系，因此会自发地形成沥青微粒的凝聚。相关研究表明，水在 20℃时的表面张力为 $73 \times 10^{-5} N \cdot cm^{-1}$，在 100℃时的表面张力为 $58.6 \times 10^{-5} N \cdot cm^{-1}$，而沥青在 120℃时的表面张力为 $26 \times 10^{-5} N \cdot cm^{-1}$ 左右，从以上数据可以看出，即便在温度相差不大时，由界面张力与两种单纯液体表面张力的关系（$\gamma_i = \gamma_1 - \gamma_2$）可以知道，沥青与水两相间仍然具有明显的表面张力差。

由上述可知，乳化剂是众多表面活性剂的一种，对于离子型乳化剂，其分子结构是两亲性的，分别由易溶于水的亲水基团和易溶于沥青的亲油基团组成，这两个性质差异明显的基团可以把油水两相连接起来而使其不致分离。在乳化沥青制备过程中，向沥青与水的混合液中加入乳化剂后，在机械搅拌作用下，乳化剂的两个基团就会定向排列于沥青与水两相界面之间，这种排列方式可以明显降低水与沥青两相之间的表面张力差。

2. 界面膜的保护作用

减小沥青与水两相之间的表面张力差是使乳化沥青能够稳定存在的有利因素，沥青与水两相之间的界面膜强度以及紧密程度是影响乳化沥青能否稳定存在的决定性因素。研究表明，当乳化剂用量足够时，可以增强油－水两相之间的界面膜强度和紧密程度。

研究表明，乳化剂浓度与油－水两相界面张力的关系如图 1-1 所示，由图 1-1 可以看出，开始阶段界面张力随着沥青乳化剂浓度的增加呈明显的下降趋势，随着乳化剂浓度的进一步增大，界面张力的降低速率开始减小，当到达某一固定浓度时，界面张力开始趋于稳定，此时即便继续增加乳化剂浓度，界面张力几乎保持不变，定义此时乳化剂的浓度为临界胶束浓度。

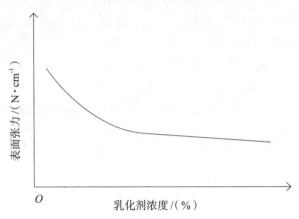

图 1-1　乳化剂的浓度与表面张力之间的关系

上述内容表明，为了保证乳化沥青的储存稳定性，乳化剂的掺量必须达到曲线中的临界胶束浓度，从而使油 – 水两相界面上具有足够数量的乳化剂分子。如果乳化剂浓度太低，则两相界面上吸附的乳化剂分子较少，界面膜中乳化剂分子的排列太过于疏松，造成乳化沥青不能稳定储存的后果，而当乳化剂浓度增加至可以在两相界面上形成紧密排列的界面膜时，此时界面膜就具有一定的强度和紧密程度，这种情况下，界面膜的保护作用足以阻碍沥青颗粒的凝结，从而大大提高了乳化沥青的储存稳定性，此后继续增加乳化剂掺量，界面膜强度随之继续增强，但是降低界面张力的作用就不太明显，同时还会带来增大乳化沥青生产成本的后果。

形成两相界面膜的乳化剂分子结构与性质对两相界面膜性质有十分显著影响，除此之外，复配的乳化剂所形成的两相界面膜比单一乳化剂形成的界面膜要紧密得多，因此在乳化沥青生产过程中，如果单一乳化剂不能达到理想的乳化效果，经常会采用乳化剂复配的方式。另外，同一类型乳化剂中，具有直链结构的乳化剂与带有支链结构的乳化剂相比，其所形成的界面膜强度和紧密程度都更胜一筹。

3. 双电层的稳定作用

离子型乳化剂在水中可以电离出离子或者离子胶束，这些离子或离子胶束使乳化剂亲水基团带有电荷。当电离后的乳化剂分子中的亲油基团稳固地吸附在沥青微粒表面时，带有电荷的亲水基团就会使沥青微粒相应地带有相同的电荷。

电离后的乳化剂分子在沥青－水两相界面上形成吸附层，而水相中存在的反离子则相应地形成扩散层，这就是所谓的双电层。由双电层理论可以知道，由于沥青微粒表面是带电的，沥青微粒就会被这一离子氛所包围。此外，水相中存在的反离子也会相应地构成扩散层离子氛。由于离子氛反离子的屏蔽作用，沥青微粒电荷作用范围不可能超出扩散层离子氛的作用范围，因此，当两个带有相同电荷的沥青微粒相互趋近而离子氛尚未接触时，沥青微粒之间不会产生排斥作用。当沥青微粒继续相互靠近，导致二者的离子氛开始发生重叠时，处于重叠区的离子浓度则会相应地增大，结果导致不同区域离子浓度不同，破坏了原有电荷分布的对称性。为了保持乳化沥青体系平衡，离子氛中的电荷就会重新分布，也就是离子从浓度较大的重叠区向浓度较小的未重叠区扩散，使带相同电荷的沥青微粒受到排斥力而相互产生脱离的趋势。因此，沥青微粒表面双电层的存在，使得沥青微粒之间时时存在着静电排斥作用，而正是由于这样一种作用保证了乳化沥青在储存过程中的稳定性。

在这三种作用中，界面膜的保护作用影响最大，双电层的电荷影响作用次之，界面张力的降低作用与二者相比影响较小。

（四）乳化沥青的破乳

合格的乳化沥青必须具有一定的储存稳定性，也就是说，生产出的乳化沥青，在使用前，以稳定的乳液状态均匀存在，不能出现破乳等不稳定现象。破乳是指分散均匀的乳化沥青发生分散相沥青与分散介质水两相分离的现象。

1.乳化沥青的稳定储存

乳化沥青在储存过程中发生的不稳定表现一般包括絮凝、聚结和沉降三种形式。乳化沥青各微粒之间如果冲破双电层的静电斥力，就会相互聚集在一起，为絮凝。絮凝是一个可逆的过程，对产生絮凝的乳化沥青进行机械搅拌，就可以轻易地使沥青微粒之间相互重新分开。乳化沥青产生絮凝现象之后，如果不采取必要的措施，则絮凝后结合在一起的沥青微粒就会继续聚集成为更大粒径的沥青颗粒，这种现象称为聚结。乳化沥青聚结过程是一个不可逆的过程，如果乳化沥青发生聚结现象，就无法通过简单的机械搅拌使聚集到一起的沥青微粒重新分开。如果聚结现象进一步恶化，随着聚结沥青微粒的数量继续增加，沥青颗粒的粒径也会不断增大，此时大粒径的沥青颗粒在重力作用下会发生沉降现象，如图 1-2 所示。

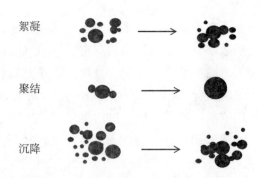

图1-2　乳化沥青储存过程中不稳定表现

　　为了保证乳化沥青具有一定的储存稳定性，可以采取一系列的措施来预防乳化沥青不稳定现象的出现，即絮凝、聚结和沉降这三种现象。

　　2.乳化沥青的破乳机理

　　乳化沥青的破乳现象可以分为两种形式：一种是储存过程中，均匀分散的乳化沥青产生分散相沥青与分散介质水两相分离的现象，称为储存破乳；另一种是乳化沥青与集料接触之后，沥青与水两相分离的现象，称为分裂破乳。下面分别从两个角度对乳化沥青的破乳机理进行分析。

　　（1）乳化沥青的储存破乳。储存破乳是指均匀分散的乳化沥青在储存过程中产生分散相沥青与分散介质水两相分离的现象，其破乳过程可以分为絮凝、聚结、沉降和破乳4个阶段。乳化沥青在储存过程中，由于沥青微粒之间存在范德华引力，沥青微粒会产生相互靠近的趋势，当范德华引力足够大，以致破坏沥青微粒之间的平衡状态时，沥青微粒之间会发生相互碰撞而产生分层或者聚集，即絮凝现象。絮凝现象并非是乳化沥青真正产生破坏，而是几何层次上的分层或者聚集，只要加以机械搅拌，就可以重新均匀分布。因此，乳化沥青的絮凝现象是一个可逆的过程。如果絮凝现象不能很快得以解决，沥青微粒就会继续聚集，形成的沥青颗粒粒径也会逐渐增大，使其形成一个更大粒径的沥青颗粒，这一过程称为聚结，也可以称为凝并或者聚凝。当聚结现象继续恶化时，沥青颗粒的粒径就会不断增大，最终在重力作用下导致沉降现象的产生，这是一个不可逆的过程，即便加以机械搅拌，也不能重新均匀分布。沉降现象的进一步积累，造成乳化沥青最终破乳。

　　在乳化沥青的储存破乳过程中，絮凝现象是产生聚结现象的必要条件，而聚结的产生是乳化沥青破乳的先决条件，其导致沉降现象的产生，最终造成破乳。影响乳化沥青储存破乳的原因主要与乳化剂及助剂的性能与用量、pH值、乳化设备、乳化沥青微粒大小及均匀性、沥青的组分构成等有关。沥青组分构成影响着沥青的可乳化性，沥青酸含量高、蜡含量低，则越易乳化，乳化剂及助剂的性能与用量与 pH 值则关系着皂液的配方，是沥青是否能够乳化成功的关键。乳化沥青微粒粒径越大、均匀性越差，乳化沥青储存稳定性就越差，乳化设备也与乳化沥青微粒粒径大小和均匀性有关。

（2）乳化沥青的分裂破乳。乳化沥青在与集料接触之后，乳化沥青中的水分会产生损失，导致乳化沥青中沥青与水两相平衡状态遭到破坏而形成一种不稳定体，进而沥青微粒从乳化沥青中分裂出来，分裂出来的沥青微粒吸附于集料表面不断凝结，最终形成致密的沥青膜。乳化沥青分裂破乳缘于扩散层厚度变薄引起 ζ 电位降低。造成乳化沥青扩散层厚度变薄，ζ 电位降低的原因有两个：一是乳化沥青与集料表面接触后，乳化沥青中的水分在周边环境作用下会产生蒸发，随着水分的不断损失，乳状液中扩散层的厚度不断变薄，造成 ζ 电位不断降低，最终双电层的稳定作用遭到破坏，导致破乳现象的产生；二是对于阳离子乳化沥青，潮湿的集料表面一般带有负电荷，这些电荷会将乳状液中扩散层的反离子挤进吸附层，使扩散层厚度变薄，ζ 电位降低，以致乳化沥青产生破乳，引起乳化沥青分裂破乳的因素主要包括乳化剂、施工环境、集料及外界荷载等。

1）乳化剂的影响。在乳化沥青分裂破乳众多影响因素中，乳化剂的种类与用量是最重要的影响因素。对于阳离子与阴离子乳化剂，可以按乳化沥青分裂速度快慢将其分为快裂、中裂和慢裂等类型，由其可以制得快裂、中裂和慢裂型乳化沥青，两性离子乳化剂则视其在乳状液中最终显示阴离子或者阳离子乳化剂的性质而定，由非离子型乳化剂制得的乳化沥青一般为慢裂型乳化沥青。此外，乳化沥青的分裂速度随乳化剂用量的增加而变慢，原因在于集料表面吸附了较多的带相反电荷的乳化剂分子，减缓了集料对沥青微粒的吸附速度，从而使乳化沥青分裂速度变慢。

2）施工环境的影响。影响乳化沥青分裂速度的施工环境条件主要有存放时间、大气温度、空气湿度及风力大小等。乳化沥青撒布在路面或同集料拌和时，所含水分一部分是蒸发作用，另一部分是集料的吸附作用，因此存放时间越长，水分蒸发量就越大，乳化沥青分裂速度也就越快。乳化沥青分裂速度与大气温度呈负相关的关系，即大气温度越高，水分蒸发越多，分裂速度越快。空气湿度同样对乳化沥青分裂速度有着重要的影响，空气湿度越大，水分蒸发越慢，分裂速度也就越慢。风力大小对乳化沥青分裂速度同样有显著的影响，风力越大，分裂速度越快，而且风力太大，乳液喷洒时有可能被吹走，造成施工不利的后果。

3）集料的影响。集料对乳化沥青分裂速度的影响，主要表现在集料类别、集料级配、集料表面性质等。不同性质的集料，对乳化沥青破乳速度的影响也不尽相同，这与集料表面的吸附作用、酸碱性和离子特性有关。一般筑路集料湿润后表面多带有负电荷，在与带正电荷的阳离子乳化沥青拌和后，较大的吸附作用会加快乳化沥青破乳速度，对于填料或者小粒径集料含量多的集料级配，由于细小颗粒的比表面积更大，表面湿润后可以提供更多的电荷，吸附的沥青微粒也就越多，因此分裂速度也就越快。

4）外界荷载的影响。外界荷载主要是指压路机或者行驶车辆的车轮压力，压力作用可以加速乳化沥青的分裂速度。

（五）乳化沥青养护的优点

1.养护费用小

根据国外资料和国内的一些实践，使用乳化沥青养护和热沥青相比，可以降低工程造价 50% 以上，从而使有限的养护资金发挥更大的作用。

2.提高道路质量

热沥青的可操作温度为 130 ~ 180℃，当用作黏层时，由于原路面为常温，喷洒的热沥青迅速凝固，不再具有流动性，因此很难保证撒布的均匀性。而乳化沥青的沥青含量可以任意调整，最高可达到 67%，最低可以 10% 以下，因此可以根据撒布量和撒布机的具体情况，实现要求的目标。总之，乳化沥青在常温下的可流动性、水溶性等特性有助于路面施工质量的提高。

3.节省能源，节约资源

根据国内外统计资料，用乳化沥青可以比热沥青节省热能 70% 以上，从而节约大量的能源，和热沥青罩面相比，乳化沥青封层厚度薄，效果好，冷再生利用混合料还可以将路面材料回收后再利用，从而可节省大量资源。

4.减少污染，保护环境，改善工作条件

如果使用热沥青养护维修，则必须加热，这可能造成工人的烧伤甚至引起火灾，加热时大量的有害气体进入空气中，污染环境，而且危害工人健康。乳化沥青为常温施工，可以避免上述问题，从而减少环境污染，改善筑路工作者的工作条件。

5.施工快捷方便，能够及时提高路面的服务性能

我国公路路面以沥青面层为主，已经建造的高等级公路中沥青路面约占90%，沥青路面服务性能降低的主要形式是抗滑性能降低和渠化交通引起的车

辙，用乳化沥青稀浆封层养护，能及时、快速提高沥青路面的这些服务性能，这是一般沥青材料养护无法比拟的。

6. 延长施工季节

阴雨和低温季节是热沥青施工不利季节，也是沥青路面发生病害较多的季节。特别是在我国多雨的南方，常在阴雨季节沥青路面路况急剧下降，出现了病害无法用热沥青及时修补，在行车的不断碾压与冲击下，更使病害迅速蔓延与扩大，致使运输效率降低，油耗与轮胎磨损增加，交通事故增多。而采用乳化沥青筑养路，可以少受阴湿和低温影响，发现路面病害可以及时修补，从而能及时改善路况，提高好路率和运输效率，同时乳化沥青可以在下雨后立即施工，能减少雨后的停工费用和机械的停机台班费，并能提前完成施工任务。用乳化沥青施工可延长施工的时间，随各地区气候条件而有所不同，一般可以延长施工时间一个月左右。

以上情况可以说明，使用乳化沥青筑路，虽然因为增加乳化工艺与乳化剂而增加部分费用，但由于具有上述优点，因而总的社会效益、经济效益、环境效益优于用热沥青修筑路面。由于乳化沥青具有众多长处，近年来，乳化沥青还在建筑防水、防潮、金属材料的防腐、水利建设的防渗透以及农业土壤改良、植物生养、油田防塌钻井液等方面都得到了广泛使用。

二、乳化沥青改性

沥青改性是指添加了橡胶、树脂、高分子聚合物、磨细的胶粉等改性剂，或采用对沥青进行轻度氧化加工，从而使沥青的性能得到改善的沥青混合物。用它铺设的路面有良好的耐久性、抗磨性，路面在高温时不软化，低温时不开裂。沥青改性的优良性能来源于它所添加的改性剂，改性剂在温度和动能的作用下不仅可以合并，而且还可以与沥青发生反应，从而极大地改善了沥青的力学性质，同时在高速旋转的胶体磨的作用下，改性剂的分子裂解，形成了新的结构然后被激射到磨壁上再反弹回来，均匀地混合到沥青当中，如此循环往复，不仅使沥青与改性得到了均化处理，而且使改性剂的分子链相互牵拉，网状分布，提高了混合料的强度，增强了抗疲劳能力。

改性沥青优良的质量有效增强了路面负荷能力，降低因负荷过重造成的路面疲劳，成倍地延长路面的使用寿命，当前已经被广泛用于高等级公路、机场跑道以及桥梁的铺装。

（一）乳化沥青改性的国内外研究现状

在国外，乳化沥青改性的研究和应用有很长的历史并且取得了令人瞩目的成绩，乳化沥青改性在稀浆封层及微表处技术中的应用最为广泛。20 世纪 40 年代，国外就开始应用乳化沥青稀浆封层技术，20 世纪 60 年代以后，发现阳离子乳化沥青具有更短的固化时间，把阳离子乳化沥青用于稀浆封层具有较短固化时间，并且对矿料的要求也较低，这进一步推动了稀浆封层技术的广泛应用。20 世纪 70 年代左右，德国科学家使用精心挑选的沥青及其混合物，加入聚合物和乳化剂，摊到深陷的车辙上，形成了稳定牢固的面层，聚合物改性乳化沥青稀浆封层技术也就从此问世，美国、澳大利亚于 20 世纪 80 年代初开始采用这项技术。与普通稀浆封层相比，聚合物改性乳化沥青稀浆封层混合料，采用高分子聚合物对乳化沥青进行改性，从而使其高温热稳定性，低温抗裂性、耐久性以及与石料黏附性等路用性能均得到大幅度提高。聚合物改性乳化沥青稀浆封层已经被认为是修复道路车辙及其他多种路面病害最有效、最经济的手段之一，它在欧美和澳大利亚已经得到普及，并且正在向世界其他地区推广。时至今日，国外对高等级公路的维修和养护从路面材料摊铺设备、路面的使用寿命测定、残余寿命的计算、维修养护方法等等已经形成了一整套全面的技术。

沥青，包括乳化沥青在内，作为路面材料，在一定温度范围内呈现黏弹态。当温度降低时，沥青弹性下降，脆性增加，逐渐变硬，温度下降至一定程度时，失去弹性，完全变成硬脆状态，呈现玻璃态。当温度上升时，沥青逐渐软化，弹性下降。温度上升至一定程度时，沥青完全软化以至流动，弹性丧失，呈现黏流态。沥青由黏弹态转变为玻璃态的转变温度为沥青的脆点，沥青由黏弹态转变为黏流态的转变温度为沥青的软化点。

在路面材料中，只有在黏弹态区间内，沥青才能保持正常使用性能。在脆点以下，软化点温度以上，沥青性能急骤变化，路面病害发生，导致路面不能正常使用。然而，沥青本身的黏弹态区间较小，改性的结果是沥青的脆点下降，软化点上升，则黏弹态区间扩大，有效使用范围扩大。除此之外，还有很重要的一点，就是延长了沥青的使用寿命。

在我国，20 世纪 80 年代中期，国家"七五""八五"科技攻关时，重点推广了乳化沥青应用和稀浆封层技术，稀浆封层技术被列为交通部"八五"期间重点推广应用项目，填补了我国道路表面薄层施工技术的一项空白。我国在援建赞比亚赛曼公路上铺了乳化沥青稀浆封层双层表面处治，取得了良好的路用效果。辽宁省组织了力量对稀浆封层进行了研究，并参照赛曼公路工程中使用的 SB-804 型稀浆封层摊铺机，研制出了自行式和拖挂式稀浆封层摊铺机，为我国推广应用稀浆封层施工技术创造了条件。现在我国大部分省、市、自治区的公路部门都已经在应用稀浆封层，取得了明显的经济效益和社会效益。随着国外改性乳化沥青稀浆封层技术的发展，交通部也积极致力于组织各省市开展这方面的研究，总结实践经验，制定相关试验规程和技术规范。20 世纪 90 年代，我国就开始对微表处技术进行研究。2000 年，微表处技术开发列入国家经贸委组织的"国家技术创新计划"。2001 年，微表处技术列入交通部西部交通建设科技项目计划，在四川、天津、上海、辽宁等地也铺筑了大量试验路。京石高速公路、石安高速公路、杭甬高速公路都铺筑了改性乳化沥青稀浆封层试验段，北京六环及上海的沪嘉、沪宁、沪杭养护工程试验路段也成功采用了微表处理技术。我国还研究开发了复式微表处，它是细级配底层和粗粒径断级配表层的叠合，具有良好的密实防水性和抗滑性，还具有应力吸收作用。

（二）乳化沥青改性的特点

由于高分子聚合物的加入，乳化沥青改性具有以下特点：

（1）改性材料的脆点降低，软化点提高，即材料的黏弹态区间比普通乳化沥青材料拓宽，使用范围扩大。

（2）用较少的改性剂就可以得到较大的改性效果。胶乳的用量（相对沥青）在 4% ~ 6% 就可以显著改善沥青的低温抗裂性和高温稳定性。

（3）充分发挥了高分子聚合物的优势，并保持了沥青本身的黏弹态，起到优势互补的作用。

（三）乳化沥青改性的应用

为适应高等级公路养护的需要，对乳化沥青进行改性生产出性能优越的改性乳化沥青，以提高沥青路面性能，进一步延长路面使用寿命。改性乳化沥青实质上就是改性剂与乳化沥青混合所形成的乳液。改性主要要达到如下目的：①提高高温稳定性。路面在高温时容易变软而流变性能差，在荷载的作用下容易形成车辙等病害，改性后沥青的软化点提高，针入度下降，使路面在高温条件下仍然具有足够的强度和稳定性。②提高低温抗裂性。在冬季气温骤降时，沥青混合料的应力松弛赶不上温度应力的增长，同时劲度急剧增大，超过混合料的极限强度，便会产生开裂。改性后沥青的 5℃ 延度明显提高，针入度降低，使沥青路面抵抗低温缩裂的能力显著提高。③延长路面寿命。改性后沥青路面的耐久性能得到较大提高，提高了早期强度和黏附强度。改性乳化沥青稀浆封层后，在 30 ~ 60 min 内即可固化，黏结力可以达到 2.2 N·cm^{-1} 以上。

1.改性乳化沥青的特点

改性乳化沥青具备乳化沥青的特点外，同时兼备改性的特点，在道路养护应用中主要有以下特点：

（1）多用途。改性乳化沥青能做大面积的封层撒布，也能用来进行小范围的坑槽修补，可以喷洒使用，作封层、桥面防水黏结层，也可以与级配集料拌和使用，用于稀浆封层、微表处、碎石封层、Cape封层等，对路面进行养护。

（2）节能。热沥青施工时需要大量的热量，特别是大宗砂石料需要的烘烤热，沥青每倒运一次就要加热一次，意外停工时现场沥青需要加热来保温，且过多的加热容易引起沥青材料的老化。而改性乳化沥青只需要在乳化时一次加热，制成成品后在常温下使用，大大节约了能源消耗。

（3）减少环境污染。在施工现场，热沥青需要加热，造成环境污染，而改性乳化沥青拌制混合料时不需要加热，在常温下施工，减少了因加热沥青造成的环境污染。

2.改性乳化沥青的应用

改性乳化沥青是一种安全、环保、使用方便的道路材料，正是由于改性乳化沥青的以上特点，近年来，改性乳化沥青在道路养护中应用广泛，在我国取得了可喜的成绩，归纳起来主要有下述几方面的应用。

（1）路面的封层。以改性乳化沥青为原料，进行路面封层应用最广泛的技术主要有稀浆封层和微表处，二者有许多相似之处，其差别主要在于施工机械、施工要求和施工质量。稀浆封层是一种由沥青乳液、破碎的集料、矿粉、水和添加剂组成的稀浆状的混合物，它在拌和均匀后被摊铺到原来的沥青路面上，形成一层与原路面结合牢固、具有抗磨表面结构的均匀养护层。路面经稀浆封层处理，可以提高路面附着性能、路面的耐磨性及抗泛油能力，延长路面的寿命，还可以增加路面的抗变形能力，特别是可减少车辙。微表处是采用级配良好的细骨料、矿质填料与沥青乳液混合后的产物，单层的厚度通常为3～6mm，适用沥青路面过分氧化而变硬的区域。微表处具有很好的防水功能，有效地防止雨水下渗而造成路面承载力下降，可以填补轻度车辙，作为旧路面的抗滑磨耗层。近些年，改性乳化沥青乳液也被广泛应用在雾封层技术中。雾封层技术是将雾状的沥青乳液喷洒在旧的沥青混凝土路面上，其目的是更新和还原表面已经被氧化的沥青膏体、填封微小裂缝和空隙、路面防水及抑制松散。

（2）裂缝处理。路面的裂缝有纵缝和横缝，一般都是不连续的，主要是因为路基发生变化，波及面层形成的裂缝，其破坏性较大，雨雪天容易出现坑洞。5 mm 以内的裂缝，清除裂缝中的杂物后，用扁嘴壶灌满沥青乳液，再用细石屑或细砂撒到裂缝中，清扫路面后即可以开放交通。5 mm 以上的裂缝，用 5 mm 以下的细碎石或砂与沥青乳液按比例搅拌均匀后，填入裂缝中，再用扁钢进行夯实。采用以上方法处理裂缝，使用人力、机械及材料较少，既经济方便，效果也很好，与用热沥青灌缝相比，其优点是：沥青乳液渗透力强，修补彻底，现场不需要加温，施工方便，减少了沥青资源的浪费，延长了施工季节，更体现了"及时、补早、补少、补彻底"的预防性养护的精神。

（3）路面网裂、贫油、麻面的处理。将原路清扫干净，并用吹风机将裂纹中的尘土吹干净后，沥青乳液按 0.7 ~ 1.2 kg·m^{-2} 的用量，用撒布车或人工方式均匀地喷洒在路面上，再立即将石屑或细砂按 5 ~ 6 m^3/1 000 m^2 的用量均匀喷洒在路面上，刮平后即可以开放交通，沥青乳液喷洒应该尽量均匀不要有流淌现象。在乳液破乳前将石料洒铺完毕，使乳液均匀裹覆在石料的表面以达到薄层封面的目的。

（4）坑槽修补。坑槽的使用寿命等于整个路面的剩余使用寿命。延长路面的使用寿命在于坑槽的及时修补，在坑槽直径不超过 15 mm 就要及时修补。喷射修补坑槽是采用一种特殊的机器对路面坑洞和破裂地带进行修补，将坑槽吹干净后，利用喷射出的热乳液在坑槽的内表面涂上一层改性沥青乳液，再向坑槽内填上骨料，骨料粒径为 5 ~ 10 mm，最后，在坑槽上面铺一层干骨料或细砂，使它具有一个表面封层。因为采用的是改性乳化沥青，修补的坑槽具有比较高的强度，所以采用这种方法处理坑槽不需要进行任何压实。

此外，改性乳化沥青在道路工程中还可以用于旧沥青路面材料的冷再生及砂石路面的防尘处理，也可以作为透层油、黏层油等。还有一些新材料、新技术、新工艺应用到养护施工中，如开级配摩阻层、增厚封层、沥青再生密封等，而这些新技术的主要原料都离不开改性乳化沥青。总之，改性乳化沥青材料在路面养护中的应用范围极广，它的出现是沥青使用史上一次变革，稀浆封层、微表处、雾封层是具在沥青使用方式上的进一步延伸。

第二节　乳化沥青改性技术的标准与检验方法

乳化沥青技术在我国的发展始于 20 世纪 70 年代末，乳化沥青改性技术在我国的发展始于 20 世纪 80 年代末。乳化沥青改性是以乳液状高分子聚合物对乳化沥青进行改性或者是以高分子聚合物改性沥青进行乳化所得的产品，目前，这种产品在我国各地以及世界各国主要用于微表处、改性稀浆封层、黏层、封层和桥面防水黏结层。2004 年 9 月 4 日，中华人民共和国交通部颁布了《改性乳化沥青技术要求》，同时颁布了《稀浆封层和微表处技术要求》，并于 2005 年 1 月 1 日实施，这是我国第一部乳化沥青改性技术标准。自 20 世纪 80 年代末我国一直在进行乳化沥青改性技术方面的研究，并在高等级公路建设和维修养护中得到了相当多的应用，主要是遵照国际稀浆封层协会制定的有关标准以及我国的乳化沥青技术标准执行，并参考美国、日本等国的有关标准。

一、乳化沥青改性技术标准

（一）我国乳化沥青改性技术标准

JTG F40—2004《公路沥青路面施工技术规范》中关于"改性乳化沥青的品种及适用范围"见表 1-2。本标准把改性乳化沥青分为 PCR、BCR 两个品种。PCR 是喷洒用阳离子改性乳化沥青，BCR 是拌和用阳离子改性乳化沥青。喷洒用改性乳化沥青的适用范围为黏层、封层和桥面防水黏结层；拌和用乳化沥青的适用范围为改性稀浆封层和微表处。

表 1-2　改性乳化沥青的品种及适用范围

改性乳化沥青品种	代　号	适用范围
喷洒用	PCR	黏层、封层、桥面防水黏结层
拌和用	BCR	改性稀浆封层和微表处

JTG F40—2004 中规定的改性乳化沥青的试验项目共八项，分别是"破乳速度""粒子电荷""筛上剩余量""黏度""蒸发残留物及性质""与矿料的黏附性""常温储存稳定性""低温储存稳定性"。与乳化沥青相比，试验项目少两项，分别是"与粗、细粒式集料拌和试验""水泥拌和试验"，这主要是由于乳化沥青与乳化沥青的适用范围不同而决定的，改性乳化沥青不适用于基层路拌或再生，所以没有"水泥拌和试验"这一要求。"与粗、细粒式集料拌和试验"这一要求主要是针对拌和型乳化沥青 BC-1、BA-1，适用于稀浆封层或冷拌沥青混合料，而拌和用改性乳化沥青 BCR 适用于改性稀浆封层和微表处，在《稀浆封层和微表处混合料技术要求》中明确规定"可拌和时间"必须大于 120 s。

JTG F40—2004 中还明确了以下几点：第一，对改性乳化沥青蒸发残留物性质检验中增加了"软化点"检验要求。第二，对改性乳化沥青蒸发残留物延度的检验温度要求为 5℃，指标为不小于 20 cm，这点与对乳化沥青的要求不同，在 JTG F40—2004 中对乳化沥青蒸发残留物延度的试验温度要求为 15℃，指标为不小于 40 cm，在 JTJ 032—1994 中对乳化沥青蒸发残留物延度的试验温度要求为 25℃，指标为残留延度比不小于 80%。第三，在技术指标中，除黏度、蒸发残留物含量及性质两项以外，其余技术指标均和新颁布的乳化沥青技术要求相同。

（二）外国改性乳化沥青技术标准

各国对乳化沥青残留物性能测定所要求的项目有所不同，除延度、溶解度、针入度和软化点外，美国还要求 60℃动力黏度，日本还要求黏韧性和韧性，匈牙利还要求 25℃弹性恢复率，我国只要求延度、溶解度、针入度和软化点。在残留物提取方面，美国采用蒸馏法，日本、匈牙利采用蒸发法，我国仍然保留了蒸发法。

二、改性乳化沥青检验方法

我国改性乳化沥青标准中规定的 8 项检验项目的检验方法与乳化沥青是完全相同的，现介绍几种我国标准中暂时未列入的检验方法。

（一）黏韧性和韧性

改性乳化沥青残留物的黏韧性和韧性（简称"黏韧性"）测定，采取试验试样放入规定的试样容器内，按规定的速度进行等速拉伸，记录试样拉伸于规定长度时的荷重与拉伸变形曲线，计算黏韧性及韧性结果，单位用 N·m 表示。

黏韧性试验仪器主要由拉伸试验机、试验器及计算机组成。试验器由拉头、三脚支架、试样容器、定位螺母组成。拉伸试验机能以 50 mm·min^{-1} 速度等速拉伸，最大加载能力 1 kN，配有固定试验器的夹具。拉伸过程荷重与变形曲线由计算机自动记录并且同步绘制，试验结果由计算机自动给出。

《SH/T 0624—1995 阴离子乳化沥青》标准规定，试验试样质量是（50±1）g，试验温度是（25±0.1）℃，拉伸长度是 300 mm，要求试验器从恒温水浴中取出到试验结束的时间不能超过 1 min。根据黏韧性试验曲线可以鉴别乳化沥青是否添加了高分子聚合物改性剂，高分子聚合物改性剂的添加量多少，高分子聚合物改性剂的品种，如果未添加高分子聚合物改性剂，那么就不能做出黏韧试验曲线。根据曲线所包围的面积大小可以定性确定高分子聚合物改性剂添加量的相对多少，如果以已知添加量的改性乳化沥青残留物为基準，就可以定量确定高分子聚合物改性剂添加量的实际多少。

（二）动力黏度

黏度是表征物质黏滞性的指标，它是指在外力作用下，物质粒子相互位移时抵抗变形的能力，黏度表示了物质在流动时的内部阻力。黏度的种类较多，单位表示法和测定仪器也各不相同，如动力黏度、运动黏度、布洛克菲尔德黏度、标准黏度、恩格拉黏度及赛波特黏度等。

动力黏度也称绝对黏度，简称"黏度"，单位为 Pa·s。黏度的测定可以是在不同的温度条件下，并且要求一定的真空度。黏度是在规定的温度及真空度下，试样流经真空减压毛细管黏度计标准体积所需要的时间。《T 0620—2000 沥青动力黏度试验》标准规定，试验温度为 60℃，真空度为 40 kPa（300 mmHg）。

以黏度作为鉴别乳化沥青残留物的一项指标，能够说明质量的高低。因为在相同温度、相同真空度下，黏度越大的试样流经真空减压毛细管黏度计标准体积所需要的时间越长，该试样的耐高温性能越好，同时也可以定性的说明是否添加了高分子聚合物改性剂以及添加量的相对多少。

（三）弹性恢复率

SBS 改性乳化沥青残留物被拉断之后，能迅速收缩在很大程度上恢复原态；SBR 改性乳化沥青残留物被拉断之后，也收缩能够在一定程度上恢复原态；未改性的乳化沥青残留物被拉断之后，基本不收缩不能恢复原态。根据弹性恢复能力的强弱可以鉴别改性乳化沥青残留物的性能。

弹性恢复率是在 25℃温度和 5 cm·min^{-1} 的拉伸速度下，把横断面为 1 cm^2 的试模中的试样拉伸至 10 cm 长度时停止，立即从拉伸开的试样中部剪断，保持静止 1 h，测量收缩的长度并计算弹性恢复率。试验仪器与延度仪相同，试模与延度试模相同，但侧模为直线形。

（四）蒸馏残留物试验方法

在特制的专用乳化沥青蒸馏器底部加入定量的沥青乳液，环形电加热器套在蒸馏器筒外中间位置（筒内沥青乳液液面线在加热器位置以下），位置上下可调，电加热器加热的热量通过蒸馏器金属筒壁传导给蒸馏器内的沥青乳液，沥青乳液受热后水分蒸发，被蒸发的水分在向上移动时经加热器进一步加热汽化挥发出来，随着水分蒸发沥青乳液液面线下降，环形加热器位置下调，继续加热至水分全部被蒸出。在这种情况下，沥青未受到直接加热，减小热老化造成的影响，并且在高温下（上部温度260℃左右，底部温度160℃左右），可以把乳液中的水分脱除彻底。

《ASTM D244乳化沥青检测方法》规定，试验用改性乳化沥青试样为（200±0.1）g。当蒸馏器上部温度加热至（260±5）℃，底部温度在160℃左右时，保持该温度15～20 min，至乳液中的水分全部蒸出，试验过程中保持蒸馏器底部温度和保温时间十分重要，既要把水脱除干净，又要防止沥青、高分子聚合物因高温老化降解。乳化沥青蒸馏残留物的提取在方法上具有复杂性，但同时又包含着较强的科学性。蒸发法操作简单，但温度的测量和控制完全靠人工，准确性不高，其科学性比不上蒸馏法。

三、结论

由于改性乳化沥青残留物的性能有较大改变，仅用延度、针入度、软化点、溶解度几项不能完全检测出质量的高低，今后在改性乳化沥青标准中可以逐步列入黏韧性和韧性、60℃动力黏度、弹性恢复等检验项目。

与蒸发法相比，蒸馏法的最大优点在于沥青不直接受热，可以减小热老化所造成的影响，并且蒸馏法试验仪器是成套的，温度测量准确，加热程度易于控制，便于掌握水分的脱除程度，这种方法较为科学严谨，建议在改性乳化沥青残留物的提取方法中也列入蒸馏法。

第二章　改性乳化沥青的性能探索

第一节　PB乳胶与有机膨润土的改性乳化沥青性能探究

乳化沥青的使用数量逐年增加，其经济效益和社会效益日渐显著，因其节约能源、节省资源、保护环境、减少污染而逐渐为人们所了解和接受。特别是国民经济建设的快速发展，一些高级路面早期病害严重，亟待养护，以防止病害的深化扩散，这些都使乳化沥青的研究与应用成为新的热点。本节通过对乳化机理的深刻探讨，应用表面化学、胶体化学和物理化学等学科的知识，对乳化沥青制备机理和稳定机理进行理论分析，为乳化剂的选择及高性能乳化沥青的制备提供理论依据。

（1）对比研究阴阳离子乳化剂对沥青的乳化效果。试验分别用阳离子乳化剂1631和阴离子乳化剂SDS制备的乳化沥青，都可以达到石油化工行业标准中对于乳化沥青的各项性能要求。其中乳化剂1631的最佳掺比量为0.6%，SDS最佳掺比量为0.7%，但乳化剂1631的整体乳化效果优于SDS。

（2）根据乳化剂复配原则及方式，将非离子乳化剂OP-10与SDS进行复配，复配比例5∶1，制备出性能优良的复配乳化剂乳化沥青，乳化剂的最佳添加比为0.7%，并分析复配乳化沥青性能优越的原因，为改性乳化沥青的制备奠定了基础。

（3）在上述复配乳化沥青的实践基础上，将PB胶乳与有机膨润土协同改性乳化沥青。随着改性剂的增加，体系的黏度不断上升，筛上剩余物和贮存稳定性等指标均符合国家标准，改性乳化沥青蒸发残留量的5℃延度呈明显的上升趋势，针入度减小，软化点上升，这都说明乳化沥青的黏弹态区间扩大了，有效使用区间扩大了。通过正交试验得到最佳添加比例：PB胶乳2%（干基），有机膨润土1%。协同改性剂的加入，对乳化沥青的高低温性能都有所改善。体系中既有物理改性，同时伴随有化学改性，沥青与改性剂混合或接枝形成的结构单元，降低了沥青与水间的表面张力和体系的吉布斯自由能，并使协同改性剂较好的分散在乳化沥青中。PB 胶乳和 OMMT 的加入调整了原有沥青胶体构成成分的比例，相对地减少了高温环境中易流动的轻质组分的比例，进而改善了沥青的高低温性能和感温性能。其具体表现为：乳化沥青蒸发残留物延度和软化点的增加，以及针入度的降低。试验中的改性乳化沥青不但能够满足公路路面施工技术规范的要求，而且较传统乳化沥青降低了成本，将产生良好的经济效益，为乳化沥青在我国的应用提供理论依据和技术保障，使我国沥青路面养护技术更趋完备。

一、一元乳化体系的乳化沥青

沥青乳化剂及其应用技术的研究目的在于：缓解当前公路养护中任务重和养护资金有限之间的矛盾；实现以较低成本提高路面服务性能，延长路面使用寿命的要求，使公路进入有计划养护的良性循环；减少热沥青养护所造成的资源、能源的浪费和环境污染，提高公路的运营效益，从而带来巨大的社会经济效益。乳化剂在沥青乳液总量中只占 0.3% ~ 2% 的比例，但其对乳化沥青的制备及稳定性起到决定性的作用，同时乳化剂对乳化沥青蒸发残留物性能也有很大的影响。因此，乳化剂是乳化沥青及其应用技术的核心，对乳化剂的研究有重要的现实意义。

乳化剂的研制以其分散能力和所乳化的乳化沥青稳定性为主要内容，同时要结合路用实际，使乳化沥青能满足不同的路用性能。在使用过程中阳离子乳化剂还存在许多不足：①阳离子乳化剂对不同沥青的乳化效果差异很大，而目前国内乳化剂厂家产品种类单一，对乳化剂适用的沥青种类具体规定很少，也未针对国内常用的不同种类沥青做相应的乳化剂开发，造成工程中使用单一乳化剂对不同沥青进行乳化，从而不能得到良好的乳化效果。②在稀浆封层和乳化沥青混合料的施工中，由于阳离子乳化沥青与矿料拌和时破乳速度过快，不能满足施工要求。另外，在使用离子型与非离子型乳化剂时还应该注意它们的克拉夫特点 KP_0。克拉夫特点：将 1% 的离子型表面活性剂水溶液缓慢加热，当溶液从浑浊突然变为澄清时的临界温度称为离子型表面活性剂的克拉夫特点（Krafft Point）。

（一）乳化剂的选择

1.乳化剂的选择机理

乳化剂的选择应该综合考虑：降低界面张力是乳化沥青制备的关键；增加电荷和界面膜强度是乳化沥青稳定的关键。

（1）降低界面张力。乳化剂降低界面张力的能力就在于，它能以什么样的基团来取代水及能取代到何种程度。因此乳化剂疏水基的化学组成，特别是它的末端基团的组成及它最大的吸附量是影响其降低界面张力能力的主要因素。乳化剂降低水界面张力的能力可以用临界胶团浓度时的表面张力 ycmc 表示。

从降低界面张力方面来说，沥青乳化剂应该尽量具有以下特点：

碳氢链最好为直链结构。在亲水基与亲油基碳原子数确定后，带有分支结构的乳化剂 ycmc 比直链结构的 ycmc 大，同时，直链烷基乳化剂与沥青中最难乳化的石蜡基具有相似的结构，因而其乳化效果一般优于带有支链结构的乳化剂。

1）碳氢链的长度一般应该大于 8。乳化剂降低界面张力的能力随亲油基碳氢链的增长而增加，根据 Traube 规则：对于同系物，随乳化剂分子中碳氢链长度增加，每增加一个—CH_2—乳化剂降低界面张力的能力约增大 3 倍，但是碳氢链过长（碳原子数 >16）时，降低界面张力的能力反而会减小。

2）疏水链以—CH_3 为端基。因为乳化剂非极性基团对降低表面张力的贡献有以下次序：—CH_3>—CH_2—>—$CH=CH$—。

3）离子型乳化剂亲水基团最好在末端，并且要足够的强大。因为其亲水基小，亲水能力差，乳化剂便不能充分溶于水，很难发挥乳化作用。

4）油溶性乳化剂和水溶性乳化剂进行复配。水相与水溶性乳化剂具有较强的亲和力，水溶性乳化剂与油溶性的极性有机乳化剂有较强的亲和力，而后者又与沥青的亲和力较强，结果是沥青–水界面张力降低很多。

（2）增加电荷。乳化沥青粒子表面电荷主要来源于乳化剂，因此，选择乳化剂时应该以离子型乳化剂为主乳化剂。在乳化剂确定后，辅助成分对电荷的影响也要综合考虑。

（3）增加界面膜强度。从增加界面膜强度方面来说，选择乳化剂的原则如下。

1）油溶性的乳化剂和水溶性的乳化剂联合使用。油溶性乳化剂的存在会增强在膜中吸附分子间的侧向相互作用，使膜变得更牢固。水溶性乳化剂则具有较强的亲水能力，使界面膜水化。两者形成的复合界面膜能达到对乳化沥青良好的稳定效果。

2）非离子型与离子型乳化剂复配使用。因为非离子型乳化剂不带电荷，在形成复合界面膜时，减少了离子型乳化剂分子的排斥力，而增加了乳化剂的吸附量，使界面膜变得更牢固。

3）碳氢链为直链结构。直链烷基乳化剂由于横截面积小，在界面上的饱和吸附量较大，因而在界面膜中的排列较紧密，形成的界面膜强度大。

综上所述，以具有较强降低界面张力能力特点的水溶性离子型乳化剂为主，与油溶性的非离子乳化剂复配使用，同时满足上述三方面的要求，便可以达到乳化沥青制备和稳定的目的。

2.乳化剂的选择方法

（1）选择乳化剂的 HLB 方法。乳化剂的 HLB 值是乳化剂分子亲水亲油性的一种相对强度的数值量度。一般来说，HLB 值低，表示乳化剂亲水性弱，亲油性强，可以溶于油中，是形成 W/O 型乳化液的乳化剂；反之，HLB 值高，说明乳化剂的亲水性强，可以溶于水中，是形成 O/W 型乳化液的乳化剂。表面活性剂的性质和应用与 HLB 值密切相关。

（2）选择乳化剂的 PIT 方法。PIT 的确定方法是：在等量的油和水中，加入 3% ~ 5% 的表面活性剂，配制成 O/W 型乳状液。然后在不断摇荡或搅拌下，逐渐加热缓慢升温，在此期间可以采用稀释法、染色法或电导法来检查乳状液是否由原来的 O/W 型转变为 W/O 型。当乳状液由 O/W 变为 W/O 型时的温度就是此体系的相转变温度 PIT。PIT 与 HLB 值有一定关系，一般 PIT 随 HLB 值增加而升高，HLB 值高说明乳化剂的亲水性好，因此 PIT 也就高，配制的 O/W 型乳状液稳定性也就高。

用 PIT 方法配制乳状液——O/W 型乳状液的配制。先选择的乳化剂使其形成的 PIT 应该有较高值，要高于使用温度，其贮存温度要低于 PIT20-60℃，只有这样才能保证 O/W 型乳状液不发生变形。对于配制 W/O 乳状液，要选择乳化剂使其形成的乳状液的 PIT 的值低一些为好，PIT 应低于使用温度，贮存温度应高于 PIT10-40℃才能保证不会由 W/O 形变为 O/W 型。

（二）一元乳化体系试验

1.原料

（1）石油沥青。沥青，牌号 A-70，广东茂名生产；针入度：7.8 mm（0.1 mm，25 ℃，100 g，5 s）；软化点（环球法）：46.5 ℃；延度：150 cm（15 ℃，5 cm/min）。

（2）乳化剂。选择如下两种离子类型乳化剂：

1）乳化剂十六烷基三甲基溴化铵（1631），类型为阳离子。其外观是乳白色颗粒，分子式为 $C_{19}H_{42}Br \cdot H$，相对分子质量为 364.46，纯度 >99%。

2）乳化剂十二烷基硫酸钠（SDS），类型为阴离子。其外观是白色的颗粒，分子式为 $CH_3（CH_2）_{10}CH_{20}SO_3Na$，相对分子质量为 288.38，纯度 >60%。

（3）稳定剂。稳定剂的主要作用是增强乳化剂的乳化能力，对于不同的乳化沥青稳定剂的选择具有一定约束性。镁离子和钙离子的存在对于生产阳离子乳化沥青来说是有利的，生产阴离子乳化沥青时，镁、钙离子的存在又成为不利因素，这是因为阴离子乳化剂大都是以可溶性的钠或钾盐的形式存在，当有大量的镁和钙离子存在时会形成不溶于水的物质，从而影响乳化效力，甚至会导致乳化失败。碳酸离子、碳酸氢根离子的存在对于形成稳定的阳离子乳化沥青是不利的，这是因为这些离子常常与作为阳离子类乳化剂所常用的水溶性氨基酸盐进行反应，生成不溶性盐，但对于阴离子类乳液，碳酸离子、碳酸氢离子具有缓冲作用，是有利的。所以试验一般选用以下两种稳定剂，其性质详见表2-1。

表 2-1　稳定剂性质

类　型	稳定剂	备　注
阳离子乳化沥青	氯化钠	分子式：$NaCl$ 相对分子质量：58.44 纯度：>99.5%
阴离子乳化沥青	磷酸钠	分子式：Na_3PO_4 相对分了质量：288.38 纯度：>60%

2. 设备

主要试验设备见表2-2。

表 2-2　主要试验设备

仪器名称	型　号	生产厂家
黏度计	SYD-0621	上海五久自动化设备公司
高速剪切乳化机	FSL-Ⅲ	上海五久自动化设备公司
旋转薄膜烘箱	SYD0601	上海昌吉地质仪器有限公司
贮存稳定性试管		上海昌吉地质仪器有限公司

3. 一元乳化沥青的制备

通过将沥青热融、机械剪切、研磨，使沥青的大颗粒变成小微粒，分散在含有乳化剂的水溶液中，形成水包油状的沥青乳化液。油水比例为6∶4，乳化剂1631与SDS的添加比例均为0.3%、0.4%、0.5%、0.6%、0.7%、0.8%，稳定剂添加量为 0.3%，乳化机转速 3 000 r·min⁻¹，乳化时间 3 min。

4. 测试项目

（1）贮存稳定性测定（JTG F40—2004 T0655）。在室温下，样品装入贮存稳定性试验管中，贮存规定时间后，竖直方向上试验浓度的变化程度，以上、下两部分乳液蒸发残留物质量百分数的差值表示。

（2）筛上剩余量测定（JTG F40—2004 T0652）。在室温下，样品进行筛滤试验，过筛后残留物的质量占乳化沥青试样质量的百分比表示。

（3）道路标准黏度测定（$C_{25,3}$，JTG F40—2004 T0621）。25℃下，样品流出标准黏度液（50 号）所需时间（s）表示。

（4）蒸发残留物含量测定（JTG F40—2004 T0651）。将乳化沥青试样加热至水分完全蒸干，蒸干后的沥青质量占原来乳化沥青试样的百分比表示。

（三）结论

1. 乳化效果的比较

从表 2-3 中可以看出，乳化剂 1631 添加比例达到 0.6%，乳化剂 SDS 达到 0.7% 时，沥青容易乳化，乳液呈棕色，得到较稳定乳液。

表 2-3　不同乳化剂各添加比例的乳化效果比较

比例分类	0.3%	0.4%	0.5%	0.6%	0.7%	0.8%
1631	乳液黑棕色	乳液黑棕色	乳液黑棕色	乳液棕色	乳液棕色	乳液棕色
	乳化效果好	乳化效果好	乳化效果好	乳化效果好	乳化效果好	乳化效果好
		乳液黑棕色	乳液黑棕色			
SDS	不乳化	胶乳破乳	胶乳破乳	乳液黑棕色	乳液棕色	乳液棕色
		乳化效果差	乳化效果差	乳化效果差	乳化效果好	乳化效果好

2. 添加比例对乳化沥青性能的影响

添加比例对乳化沥青性能的影响见表 2-4 和表 2-5。

表 2-4　阳离子乳化沥青

含量 /（%）	0.3	0.4	0.5	0.6	0.7	0.8
标准黏度 $C_{25,3}$ / s	10.84	17.3	17.8	18.9	20.48	48.18
筛上剩余物/（%）	0.2	0.1	0.04	0.05	0.04	0.04
稳定性（5 d）/（%）	4.0	3.8	3.2	1.0	0.2	0.2

表2-5 阴离子乳化沥青

含量 / (%)	0.4	0.5	0.6	0.7	0.8
标准黏度 $C_{25,3}$ / s	9.1	10.8	11	11.2	12.3
筛上剩余物 / (%)	0.4	0.3	0.04	0.04	0.05
稳定性 (5d) / (%)	2.7	2.9	3.2	3	3

（1）黏度。对上述样品进行黏度测试，同比例下，阳离子乳化沥青黏度要略高于阴离子乳化沥青，并且随着乳化剂含量的增加，形成胶束，黏度呈平稳上升趋势。稳定剂也起到增稠和增黏的作用。当乳化剂1631加入量大于0.7%时，阳离子乳化沥青黏度明显增大，已经超出我国要求的黏度技术标准《道路用乳化沥青技术要求》（JTG F40—2004）。

（2）筛上剩余物。筛上剩余物是乳液质量的重要指标，是用于检验乳液中沥青微粒的均匀程度，也是确定乳化沥青生产工艺技术条件是否合适，以及乳化沥青设备优良的重要项目。筛上残留物超标的乳液在使用时，容易造成输送设备及喷洒设备的堵塞，拌和时不均匀，影响工程质量。

乳化剂SDS的整体乳化效果没有乳化剂1631好，只有当其添加量达到0.6%以上时才能使沥青乳化充分，大颗粒的百分含量小于国标的0.1%；乳化剂1631加入量大于0.4%时，沥青就可以完全乳化。

（3）贮存稳定性。乳化沥青是油水互不相溶的两相在乳化剂-稳定剂作用下形成的多相分散体系。这种体系的稳定性是热力学不稳定体系，稳定性是相对的，容易受到外界因素的影响而打破平衡，所以贮存稳定性的检验对乳化沥青尤为重要。

在沥青-水体系中加入乳化剂后，乳化剂吸附于沥青微粒表面，在表面上形成界面膜，对沥青微粒起到一定的保护作用，使其在相互碰撞时不容易聚结。乳化剂的用量适宜时，界面膜即由密排的定向分子所组成，膜的强度较大，沥青微粒聚结需要克服较大的阻力，所以能形成较为稳定的沥青乳液。

乳化剂1631的用量在低于0.5%时对乳化沥青的贮存稳定性（5d）影响很大，主要是由于乳化剂加入量少，沥青和水几乎是直接接触，不能使水的表面张力充分降低，乳化效果不好，所以稳定性差。在乳化沥青体系形成后，界面张力不为零，体系界面能仍然很高，仍然是热力学不稳定体系。随着乳化剂量的增加，沥青乳液逐渐开始趋向于稳定的状态，乳化剂的亲水和亲油基团分别和水、沥青结合，再增加乳化剂用量，沥青乳液稳定性的变化不大时，说明沥青乳液中乳化剂含量已经达到临界胶束浓度。乳化剂SDS加入量对乳化沥青稳定性的影响并不明显，可能是由于脂肪酸皂类乳化剂不耐硬水的缺点，乳液泡沫较多，表面活性不好。

从乳液的性质来看，乳液的黏度随着乳化剂的量增加而缓慢增加，贮存稳定性值减小，乳液越来越稳定。从乳液性能和经济效益两方面来考虑，乳化剂1631的最佳掺比例为0.6%，乳化剂SDS的最佳掺比例为0.7%。

二、复配乳化体系的乳化沥青

在实践中发现，单一的乳化剂使用效果往往并不理想，把几种乳化剂混合在一起，发挥各组分之间的配伍效果，可以得到性能更好的复配乳化剂产品。复配后的乳化剂有以下作用：①提高乳化能力；②增强乳液稳定性；③延长乳化沥青与集料的拌和时间，也延长乳液的破乳时间；④改善稀浆封层混合料的和易性；⑤降低成本。

乳化剂（表面活性剂）的复配技术，就理论而言，是了解和掌握乳化剂的复配规律，寻求适用于乳化沥青的高效配方。复配不仅仅局限于几种乳化剂之间的复配，也包括乳化剂与各种有机、无机材料的复配。在一种乳化剂中加入另一种乳化剂或者其他添加剂，其溶液的物理化学性质会发生显著变化。

（一）复配方式概述

1.乳化剂的复配原则

临界堆砌参数（CPP）是表面活性剂自组集体（self-assembly）中分子碳氢部分的体积（V）与分子最大伸展长度（L）和亲水部分截面积乘积（α）之比，即

$$CPP = V / L\alpha$$

（1）采用2个HLB值相差较大的非离子乳化剂复配，HLB值小的亲油，其尾进入了油相；HLB大的亲水，其尾位于界面，这样错位组集就增大了V的有效体积，更接近于临界值。

（2）采用阴离子和非离子乳化剂复配。在界面膜中，非离子的多缩乙二醇链屏蔽了阴离子头的电荷而缩小了有效截面积，从而更接近于临界值。

（3）采用共表面活性剂。共表面活性剂大多为长链烷醇，它是以增溶的形式夹杂在乳化剂自组集的尾中，从而增大了V的有效体积而更接近于临界值。

2.乳化剂的复配方式

（1）同系物复配。亲水基一致，而亲油基（憎水基）碳链长度不同的乳化剂称为同系物。同系物复配乳化剂时，同系物分子结构十分相似，有相同的

亲水基，亲油基的结构也相同，仅有链长的差别，即碳原子数量的不同。乳化剂的活性与其碳链的长度密切相关，同系物碳原子数越多，越容易在溶液表面吸附，表面活性越强。同系物碳原子数越多，越容易在溶液中形成胶束，其临界胶束浓度 CMC 越低，即表面活性越强。

调整乳化剂亲油基碳链长度，即碳原子数的多少，就可以调整乳化剂的表面活性，可以得到最佳链长分布的乳化剂组分。实际上，许多乳化剂不需要在使用时去复配，完全可以在生产时调整亲油基碳链的长度，达到预期的目的。例如，阴离子乳化剂脂肪酸钠的亲油基碳链长度可以在 $C_7 \sim C_{21}$ 的范围内根据需要选择，调整后的产品实际上是不同碳原子的脂肪酸钠的混合物。常用的阳离子中裂乳化剂 NOT 就是 $C_{16} \sim C_{19}$ 的烷基三甲基氯化铵的混合物。非离子乳化剂烷基酚聚氧乙烯醚的亲油基可以是由不同链长的烷基酚组成，亲水基也可以是由不同加成数的环氧乙烷组成。

同系物复配的乳化剂亲油基碳链长度分布范围宽，对沥青的适应性会更强，乳化效果比单一品种要好，因为沥青本身也是由多种化合物组成的复杂混合物。

（2）离子型和非离子性复配。阳离子乳化剂、阴离子乳化剂与非离子乳化剂复配技术较为常用，在离子型乳化剂中加入少量非离子乳化剂时，即可以使临界胶束浓度 CMC 大大降低。

在非离子乳化剂中加入离子型乳化剂，会使浊点界线不够分明，浊点升高，形成一个较宽的温度范围。如在非离子乳化剂烷基酚聚氧乙烯醚中加入 2% 阴离子乳化剂烷基苯磺酸钠，可以使浊点由 65℃提高到 87℃。

在阴离子乳化剂脂肪酸皂中加入非离子乳化剂，可以起钙皂分散作用，克服脂肪酸皂不耐硬水的缺点，同时还可以降低泡沫，增强表面活性。在阴离子乳化剂烷基苯磺酸钠中加入非离子乳化剂，可以提高皂液（乳化剂水溶液）黏度，改善乳化效果，增强乳液稳定性。阴离子乳化剂木素磺酸盐与非离子乳化剂 OP-10 复配，可以作慢裂乳化剂用于普通道路稀浆封层。阴离子乳化剂脂肪醇硫酸钠与非离子乳化剂烷基酚聚氧乙烯醚以 5:3 的比例复配，对沥青的乳化效果也很好。

阳离子乳化剂与非离子乳化剂复配可以延长乳化沥青与集料的拌和时间，即延长破乳时间，同时改善稀浆混合料的和易性，满足稀浆封层的使用要求。阳离子乳化剂中大多数破乳较快，与集料拌和时间短，稀浆混合料和易性不能满足要求。非离子乳化剂不破乳，不能单独用于稀浆封层。两者复配后可以克服各自的缺点，发挥优势，扬长避短，如阳离子乳化剂十八烷基三甲基溴化铵（1831.OT）与非离子乳化剂 OP-10 按 1:7 比例复配，可以达到慢裂的要求。

（3）同类型复配。阳离子乳化剂与阳离子乳化剂复配或阴离子乳化剂与阴离子乳化剂复配，能达到单一乳化剂所不能达到的某些效果。同类型乳化剂之间达到协同作用可以降低乳化剂的用量，从而降低乳化沥青成本，同时可以满足有些施工对乳化沥青的特殊要求。如将阳离子乳化剂十八烷基三甲溴化铵与十六烷基三甲溴化铵复合使用，可以节省乳化剂用量 30% ~ 40%。木素胺是电性极其微弱的阳离子乳化剂，也是国内最常用于稀浆封层的乳化剂。由于其电性极弱，所以封层凝结成形极慢，但与十八烷基双氮季铵盐 18331 复合使用，乳液微粒电荷明显增强，破乳速度也能进行调整。把阴离子乳化剂脂肪酸皂与烷基苯磺酸钠复配，可以起钙皂分散作用，同时降低泡沫，使乳化力增强。

（4）阳离子型与阴离子型复配。长期以来，对于复配乳化剂的研究，大多局限于同系物、同类型之间的复配，或离子型与非离子型之间的复配，对离子电性相反的阳离子、阴离子乳化剂之间的复配研究较少，其主要原因在于：阳离子、阴离子乳化剂混合物在水溶液中，因正、负电荷相互吸引作用产生沉淀或絮凝，从而失去表面活性，使乳化剂失效。这是一种在理论上容易解释而且常见的规律，但在适当条件下，阳离子、阴离子乳化剂复配物不会产生沉淀，从而不会失效。相反，由于正、负离子间强烈的电性相互作用，使表面活性得到极大的提高。例如阴离子乳化剂十二烷基三甲基氯化铵和阴离子乳化剂十二烷基硫酸钠以 1 : 1 比例复配，十八烷基羟乙基甲基氯化铵与硬脂酸钠以 1 : 0.8 的比例复配，其表面活性都比两者中任意一个单独组分的表面活性提高。

根据资料可知，在快裂阳离子乳化剂中加入阴离子乳化剂和非离子乳化剂进行复配，收效很好。阴离子乳化剂为木素磺酸盐，非离子乳化剂为 C_6 ~ C_{20} 的烷基酚聚氧乙烯醚，取氧乙烯含量为 85% ~ 99%。操作要点：先在水中加入阳离子乳化剂，用盐酸调整要求 pH 值，然后把木素磺酸盐和烷基酚聚氧乙烯醚加入。木素磺酸盐用量为乳化沥青的 0.5% ~ 2.0%，烷基酚聚氧乙烯醚为 0.25% ~ 0.5%，加入木素磺酸盐后，pH 值变化，则再加盐酸调至 pH 值 =1 ~ 5。乳化沥青的制备方法与一般快裂阳离子乳化沥青相同，并不是在阳离子乳化剂中加入阴离子乳化剂就一定能得到高表面活性的优良乳化剂，它们的复配是有条件的，这是一项值得进一步探讨和研究的技术。

3. 复配乳化剂的 HLB 值

由于使用混合乳化剂比使用单一乳化剂的效果好，所以通常情况下，可以选择一对 HLB 值相差较大的乳化剂，利用表面活性剂的 HLB 值的加和性，将二者按不同比例混合，配制成一系列具有不同 HLB 值的乳化剂，用此一系列混合乳化剂分别将指定的油水体系制备成一系列乳状液，测定各个乳状液的乳化效率，可以得到一条 HLB 乳化效率曲线，乳化效率最高峰的 HLB 值便是该油水体系所需要的 HLB 值。

上述最佳 HLB 值虽然是由一对乳化剂评价得出的，但它是该油水体系的特性，也适用于其他各对乳化剂。各种乳化剂混合物的乳化效果可能不同，但都在此 HLB 值达到最佳乳化效果。

（二）复配乳化体系试验

1. 原料

（1）石油沥青。沥青，牌号 A-70，广东茂名生产，各参数同上。

（2）乳化剂。阴离子乳化剂，十二烷基硫酸钠（SDS），各参数同上；非离子乳化剂，烷基酚聚氧乙烯醚（OP-10），外观是透明液体，1% 水溶液浊点 ≥ 40℃。

（3）稳定剂。磷酸钠，分子式为 Na_3PO_4，相对分子质量是 288.38，纯度为 >60%。

2. 试验设备与测试项目

在一元乳化体系的试验基础上添加如下两项试验项目。

（1）针入度测定（JTG F40—2004 T0604）。25℃或其他温度下，5s 内，100g 钢针自由落下贯入试样深度，以 1/10 mm 表示。

（2）延伸度测定（JTG F40—2004 T0605）。15℃温度下以 5 cm·min^{-1} ± 0.25cm·min^{-1} 的速率拉伸试样至断时的长度（cm）。

3. 复配乳化沥青的制备

在使用非离子乳化剂时，应该注意其浊点变化。在水溶液中，乳液浓度随温度上升而降低，在升至一定温度值时出现浑浊，经放置或离心可以得到两个液相，这个温度称为该非离子乳液的浊点（Cloud Point），这类表面活性剂以其醚键中的氧原子与水中的氢原子以氢键形式结合而溶于水。氢键结合力较弱，随温度升高而逐渐断裂，因而使表面活性剂在水中的溶解度逐渐降低，达到一定温度时转为不溶而析出成浑浊液，浊点与表面活性剂分子中亲水基和亲油基质量比有一定的关系。

根据乳化剂的复配方式，试验选用非离子乳化剂 OP-10 与阴离子乳化剂 SDS 进行复配。根据前文中可以知道，离子型表面活性剂的加入能显著增大非离子乳化剂的浊点。这是因为 OP-10 与 SDS 形成了混合胶束，当外加 SDS 浓度较低时，SDS 插入 OP-10 胶束界面膜内，形成以 OP-10 为主的混合胶束，胶束表面电荷密度增大，浊点显著升高；当 SDS 浓度逐渐增大以至形成以 SDS 为主的胶束时，OP-10 插入 SDS 胶束界面膜中，使 SDS 极性头之间产生屏蔽，浊点再次显著升高。

为了满足 O/W 型乳化沥青 HLB 值在 8 ~ 18 的要求，根据复配乳化剂 HLB 值的计算方法，可得到以下方程式：

已知：SDS 的 HLB 值为 40，OP-10 的 HLB 值为 13.3

设 SDS 的加入量为 x，则 OP-10 为（$1-x$）

列：$8 \leqslant [40x+13.3（1-x）]/（x+1-x） \leqslant 18$

得：$2.6\% \leqslant SDS（x） \leqslant 17.6\%$

所以设置 SDS 在复配乳化剂中所占比例分别为 2.6%、6%、10%、14%、17.6%，对比分析各溶液浊点变化，由表 2-6 的数据最终选定 SDS 占复配乳化剂总量 17.6% 的比例，即 OP-10/SDS 为 5/l。

表 2-6　复配比例对乳液浊点的影响

SDS 所占比例	2.6%	6%	10%	14%	17.6%
浊点	56℃	65℃	72℃	80℃	85℃

复配乳化剂的添加比例为 0.3%、0.5%、0.7%、0.9%、1.1%、1.3%。

4. 结论

从表 2-7 可以看出，将非离子乳化剂与阴离子乳化剂以 5：1 的比例复配后，加入乳化沥青体系达到 0.5% 时就可以将沥青较好的乳化；筛上剩余物几乎为零，说明体系没有结块和破乳现象；乳液贮存稳定性好，说明体系的颗粒大小比较均匀；黏度值在乳化剂添加量达到 0.7% 时出现最大值，呈先上升后下降的趋势，总体黏度不大，流动性好，易于施工。综上所述，乳化剂在最小掺比量为 0.7% 时可以达到最优的效果。

表 2-7　复配乳化剂不同添加比例的乳化性能比较

含量 /（%）	0.3	0.5	0.7	0.9	1.1	1.3
乳化效果	不乳化	乳液黑棕色	乳液棕色	乳液棕色	乳液棕色	乳液棕色
标准黏度 $C_{25,3}$/s		12.4	14.8	13.4	13.8	13.7
筛上剩余物 /（%）		0.01	0.02	0.01	0.03	0.03
稳定性（5d）/（%）		3.0	0.6	0.5	0.5	0.4

5.复配乳化剂与一元乳化剂的对比

（1）乳化效果比较。

1）试验仪器：荧光显微镜，奥林巴斯公司，型号 BX51。

2）试验方法：将改性乳化沥青样品涂片，放在显微镜下观察，放大倍数为 400 倍。

大家都知道，乳化沥青的稳定性与乳化沥青的粒径分布有很大关系，通过显微镜观察可以看出，复配乳化剂乳化沥青的粒径分散更加均匀，平均粒径小，因此乳化沥青的稳定性较好。

从 OP-10 乳化剂的分子式可以看到，其非极性基团很长，所以其疏水能力强，而亲水基团夹在碳氢链中，醚基亲水能力弱，所以使得 OP-10 的亲水能力弱。在 OP-10 中未加水时，其疏水基和亲水基同时都在外侧，所以其亲水能力弱，HLB 值高，但当在 OP-10 乳化剂中加入水时，这时 OP-10 的分子空间构型在水的作用下发生了改变，形成曲折结构，它的亲水基把疏水基包在里面，使整个亲水基处于外面，水分子氢键的形式与醚基连接，并在 OP-10 分子周围连接很多水分子，形成一个较大的亲水基团，使其亲水能力大大提高，从而降低了 HLB 值。

在十二烷基硫酸钠（SDS）阴离子型乳化剂中加入少量 OP-10 非离子乳化剂时，即可以使临界胶束浓度 CMC 大大降低。这是由于 OP-10 非离子乳化剂与 SDS 离子型乳化剂在溶液中能形成混合胶束，非离子乳化剂分子插入胶束中，使原来的离子型乳化剂亲水基离子头间的斥力减弱，再加上两种乳化剂亲油基碳链之间的相互作用，而容易生成混合胶束，使混合溶液的 CMC 下降，表面活性增强。同时随着加入量的增多，混合液的电导转折点趋于消失，表面张力下降，因此复配乳化效果有所提高。

（2）乳化性能的比较。

取阳离子乳化剂、阴离子乳化剂、复配乳化剂的最佳掺比量下的乳化沥青，对比其乳化性能差异，从表 2-8 中可以看出，复配乳化沥青的标准黏度要高于阴离子乳化沥青，但低于阳离子乳化沥青，筛上剩余物几乎为零，贮存稳定性也明显的好于单一乳化剂乳化沥青，从蒸发残留物的性能分析可以看出，沥青的乳化几乎没有影响沥青的针入度和延度，进而可以说明，复配乳化剂对基质沥青乳化效果较好，试验中用量较佳。

表 2-8　三种离子乳化沥青性能比较

类　型	阳离子	阴离子	复　配
含量 / （%）	0.6	0.7	0.7
标准黏度 $C_{25,3}$ / s	18.9	11.2	14.8

类　型	阳离子	阴离子	复　配
筛上剩余物 /（%）	0.05	0.04	0.02
稳定性（5d）/（%）	1	3	0.6
残留物含量 /（%）	高于 60	高于 60	高于 60
针入度 /0.1mm	86	88	84
延度（15℃）/cm	130	129	135
溶解度 /（%）	99	99	99

在制备沥青胶乳时，单独使用一种离子乳化剂，乳化效果不好，或多或少的出现破乳现象，经过复配后乳化能力增加，推断可能有以下 4 种原因。

（1）两种乳化剂交替地吸附在沥青微粒上，降低了乳化沥青微粒上离子间的静电斥力，增强了乳化剂吸附的牢固度，非离子乳化剂对沥青颗粒有保护作用，使乳化沥青的贮存稳定性较单独使用阴离子乳化剂时得到了明显提高。

（2）复配乳化剂的分子直径比单独使用阴离子型乳化剂时乳液的分子直径要大得多，从而大大降低了其表面的电荷密度，使得负电离子、自由基更容易插入到沥青颗粒中，因而提高了乳液形成效率。

（3）非离子的多缩乙二醇链屏蔽了阴离子头的电荷，从而缩小了亲水部分的有效截面积，提高界面膜中乳化剂的堆砌密度，从而更接近于临界堆砌参数（CPP）。

（4）非离子乳化剂与离子型乳化剂在溶液中能形成混合胶束，复配乳化剂具有更优良的乳化效果。因此 OP-10 与 SDS 配合使用后，得到了乳化速度和稳定性很高的乳液。

三、PB 胶乳／有机膨润土协同改性乳化沥青的性能研究

乳化沥青改性在国内还属于起步阶段，国外发展比较成熟。20 世纪 70 年代左右，德国首先开发对聚合物改性乳化沥青稀浆封层技术的研究，开始发展精细表面处治，其突出的特点是可以用于修复深度较大的车辙，而不破坏昂贵的道路标线。

当前，乳化沥青在中国市场上主要有两种：一种是 SBS 乳化改性沥青；另一种是 SBR 乳化改性沥青。SBR 改性乳化沥青采用乳胶为改性剂，它低温抗裂性好，生产过程较为简单。但 SBR 胶乳价格较高，含量较高时，成本较高，

贮存稳定性能也较差，而含量较低时，不能完全满足对沥青路面黏结料耐高温稳定性的要求，因此在一定的程度上制约 SBR 改性乳化沥青的应用与发展。SBS 改性乳化沥青生产使用设备较多，工艺较为复杂，且对设备要求较高，这样也无形地提高了产品的成本，因而限制了 SBS 改性乳化沥青的应用。

　　PB 胶乳和有机膨润土协同制备改性乳化沥青，比较了改性剂对乳化沥青性能的影响，其性能指标完全满足 2005 年实施的国家新标准的要求。

（一）试验

1. 原料

（1）石油沥青。沥青，牌号 A-70，广东茂名生产，各参数同上。

（2）试剂。

1）聚丁烯胶乳（PBL），固含量 22%，中石油吉化集团公司产品（工业级）；钙基膨润土，吉林刘房子膨润土有限公司（工业级）。

2）自来水。磷酸钠（分析纯），沈阳试剂三厂，纯度 ≥ 60%；十六烷基三甲基溴化铵（CTAB），北京化工厂，纯度 >99%。

3）阴离子乳化剂，十二烷基硫酸钠（SDS），长春市化学试剂厂，分子式为 $CH_3(CH_2)_{10}CH_{20}SO_3Na$，相对分子质量为 288.38，纯度 >60%；非离子乳化剂，烷基酚聚氧乙烯醚（OP-10），天津市华东试剂厂，透明液体，1% 水溶液浊点 ≥ 40℃。

2. 设备

主要设备见表 2-90。

表 2-9　主要试验设备

仪器名称	型　号	生产厂家
针入度仪	ZR-2 型	北京兰航测控技术研究所
延度仪	YS-3 型	北京兰航测控技术研究所
软化点仪	RH-3 型	北京兰航测控技术研究所
黏度计	SYD-0621	沧州冀路试验仪器厂
高速剪切乳化机	FSL-Ⅲ	上海法孚莱机电科技公司
旋转薄膜烘箱	SYD0601	上海昌吉地质仪器有限公司
贮存稳定性试管		上海昌吉地质仪器有限公司

3. 有机蒙脱土（OMMT）的制备

称适量 MMT，强搅拌分散于去离子水中形成 5% 悬浮液，将十六烷基三甲基溴化铵（CTAB）室温溶于水后于 80℃ 下加入 MMT 悬浮液，继续搅拌 1 h，静置，除上清液，抽滤，水洗至无 Br⁻（用 0.1mol/AgNO₃ 溶液检验无白色沉淀），真空干燥至恒重，研磨成 300 目粉料，即制得 OMMT。

4. 复配乳化剂的配比选择

根据乳化剂的复配方式，试验选用非离子乳化剂 OP-10 与阴离子乳化剂 SDS 进行复配，复配比例为 5：1，由前文确定乳化剂的最佳掺比量为 0.7%。

5. 改性乳化沥青的制备

配置含有稳定剂添加量为 0.3%，复配乳化剂添加量为 0.7% 的皂液，加热到 60℃，将 300 目的 OMMT 1% ~ 3% 与 PB 胶乳 0.5% ~ 1.5% 掺入皂液，搅拌均匀。再将沥青热融、机械剪切、研磨，使沥青的大颗粒变成小微粒，均匀分散在皂液中，形成水包油状的沥青乳化液。油水比例 6：4，乳化机转速 3 000r·min⁻¹，乳化时间 3 min。

（二）结论

1. 改性剂最佳配比的确定

固定复配乳化剂和稳定剂的添加量不变，改性剂 PB 胶乳的量为 0、1%、2%、3%，OMMT 的量为 0、0.5%、1%、1.5%，二因素四水平的正交设计计算表见表 2-10。从正交试验的结果分析可知，PB 胶乳对改性乳化沥青的延度有较大的影响，其次是软化点，最终的最佳配比为 2%，有机膨润土对改性乳化沥青的贮存稳定性影响最明显，其次是针入度，最终的最佳配比为 1%。试验中所用乳化剂为前面制备的 SDS 与 OP-10 的复配乳化剂，粒子的电荷为负性，参照国家标准（阳离子）进行分析。

表 2-10 PB 胶乳复配膨润土改性乳化沥青正交设计计算表

次数因素	PB乳胶	OMMT	测试结果						
			粒子电荷	残留物性质			标准黏度 $C_{25.3}$/s	筛余/(%)	贮存稳定性(5d)
				5℃延度/cm	针入度/0.1 mm	软化点/℃			
国家标准	PCR		阳离子（+）	20	40 ~ 120	不低于50	8 ~ 25	不高于0.1	5.0%
	BCR			20	40 ~ 120	不低于53	12 ~ 60	不高于0.1	5.0%

续　表

次数因素	PB乳胶	OMMT	测试结果						
			粒子电荷	残留物性质			标准黏度 $C_{25,3}$/s	筛余/(%)	贮存稳定性(5d)
				5℃延度/cm	针入度/0.1 mm	软化点/℃			
1	0	0		7.6	103.3	49.30	14.80	0.02	0.6%
2	0	0.5		5.2	103.0	50.10	16.10	0.10	0.4%
3	0	1		4.3	94.0	51.70	15.90	0.04	0.5%
4	0	1.5		2.8	95.0	44.80	22.70	0.10	0.8%
5	1	0		15.2	109.0	50.00	11.50	0.01	6.0%
6	1	0.5		11.0	89.0	52.80	16.90	0.02	5.6%
7	1	1		10.0	85.0	48.15	24.80	0.03	4.2%
8	1	1.5	阴离子(−)	9.2	84.0	47.20	67.90	0.10	1.2%
9	2	0		21.9	148.0	52.00	12.41	0.02	7.0%
10	2	0.5		20.0	80.0	55.90	18.60	0.05	3.2%
11	2	1		20.0	79.0	57.30	23.80	0.05	0.2%
12	2	1.5		19.2	78.0	51.00	31.90	0.09	0.2%
13	3	0		29.5	111.0	49.35	16.61	0.44	10.0%
14	3	0.5		28.1	89.0	55.00	23.30	0.10	7.0%
15	3	1		27.6	83.0	51.50	37.60	0.09	0.9%
16	3	1.5		27.0	75.0	52.10	88.14	0.06	0.4%

　　由表 2-10 中可见，当协同改性剂为最佳配比即 PB 胶乳为 2%，有机膨润土为 1% 时，所制备的改性乳化沥青的主要技术指标，不仅完全达到了交通部提出的改性乳化沥青技术指标中喷洒型改性乳化沥青（PCR）的要求，而且也符合拌和用改性乳化沥青（BCR）的要求，适合用于黏层、封层、桥面防水黏层用、改性稀浆封层和微表处用，这说明改性乳化沥青具有优异的耐高温、低温抗开裂性能和良好的贮存稳定性。

2.改性效果的相形态分析

（1）荧光显微镜分析。通过直接观察聚合物在乳化沥青中的分布形态、结构和相态，可以有效地评价改性乳化沥青的力学性能。因此观察改性乳化沥青的形态结构，是研究乳化沥青改性机理和改性效果的最直接手段之一，用荧光显微照相可以观察到改性剂在乳化沥青中的分散状态，这种方法制样简单，对改性剂的分散状态扰动小，利用它既可以观察改性剂粒子大小，也可以观察改性剂在沥青中的实际分布状态。

试验方法：取一滴改性乳化沥青于载玻片上，加盖玻片压成薄的试样，将制备好的试样在常温条件下放置在荧光显微镜下放大 400 倍观察试样液体形态。

当 PBL/OMMT 的添加比为 2%/1% 时的分散效果最好；当乳液中单独使用 OMMT 改性时，可以看到改性剂粒子有聚集趋向；当乳液中单独使用 PBL 时，聚合物以比较大的絮状物质存在，形状不规则，而且与乳化沥青的边界轮廓线也无规则，有的颗粒甚至连在一起，这种相态结构往往预示着较差的贮存稳定性。当协同改性剂的添加量达到 PBL/OMMT：3%/1.5% 时，粒子的大小开始变得不均匀，有聚合成团的趋势。这说明在一定范围内随复合材料中 OMMT 含量的增加，协同改性剂在沥青中的分散效果增强，提高了其与乳化沥青的相容性和稳定性，在超过一定量后分散效果又开始下降。这主要是由于试验中自制 OMMT 时使用的是阳离子乳化剂 CTAB，而 PBL 呈碱性，所以当两者用量过大时，阴阳离子有中和的趋势，使改性剂失效，而当两种改性剂用量较少时，乳化沥青与协同改性剂在机械的强烈作用下，打破各自原有的平衡，重新建立一种新的平衡。

（2）扫描电子显微镜。在进行观察前喷金，如果温度过高，往往使沥青软化，甚至会使沥青中液态组分挥发，改变了沥青本身的表面形态结构。因此利用聚丙烯酸类胶黏剂，先将其固化后，把改性沥青嵌挤在固化剂胶块之间，这种嵌挤作用减小了沥青截面的面积，使其免受电子束的高温而发生变形。

如图 2-1 所示是乳化沥青，如图 2-2 所示是协同改性剂为最佳配比即 PB 胶乳为 2%，有机膨润土为 1% 时，改性剂乳化沥青经贮存稳定性试验的上下两层乳液的扫描电子显微镜照片。从图 2-2 可以看出：PBL 和 OMMT 粒子均匀分散于乳化沥青中，而且 PBL 和 OMMT 粒子与乳化沥青的界面层较模糊，说明 PBL 和 OMMT 粒子与乳化基质沥青具有一定的相容性。同时，试样经 5d 的贮存后，其上下两部分中的 PBL 和 OMMT 粒子的大小及分散程度差别较小，这说明 PBL 和 OMMT 粒子协同加入乳化沥青时能够稳定存在，不容易发生相分离。

图 2-1　乳化沥青

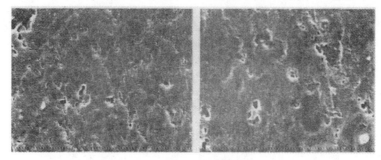

图 2-2　上、下层乳化沥青

3. 协同改性剂与乳化沥青的相容性分析

从荧光显微镜和扫描电子显微镜分析推断，改性主要有物理改性和化学改性，往往物理改性和化学改性同时并存，对于沥青的改性一般以物理改性为主，同时伴随有化学改性。PB 和乳化沥青间的化学反应很难表征，但从 PB 结构可以推测其与沥青发生了化学反应，因为聚丁二烯的双键或双键邻位的亚甲基非常活泼，在一定情况下可以与沥青中的杂原子及活性基团发生反应，使沥青接枝到 PBL 上，生成"PB–沥青"接枝物。接枝物可以在 PB 相和沥青相间充当表面活性剂，降低 PB 和沥青间的表面张力和体系的吉布斯自由能，促进 PBL 和沥青更好地相容，利于 PBL 改性乳化沥青形成相对稳定的体系。

膨润土的主要成分为蒙脱石，是由两层硅氧四面体片和一层夹于其间的铝（镁）氧（羟基）八面体构成的 2∶1 型层状硅酸盐矿物，层间的阳离子的交换能力受到离子类型的限制。从胶体理论的角度来看，乳化沥青的感温性与其胶体结构中易流动的轻质油分所占比例有着密切的关系，适量比例的轻质组分利于沥青的感温性能，因此，膨润土不存在与乳化沥青组分的作用条件，而有机膨润土是结构层间含有有机阳离子的膨润土，在高温共混的条件下，有机阳离子的亲油基团很容易与沥青的组分发生作用，实现改性剂与沥青的界面的结合，从而也形成稳定的"沥青－改性剂"结构单元。综上所述，协同改性剂的两种组成成分均与沥青有较好的相容性，这为 PBL/OMMT 协同改性乳化沥青的制备与贮存提供了必要条件。

（三）协同改性剂对改性乳化沥青蒸发残留物性能的影响

由表 2-10 可以看出，PBL/OMMT 协同改性剂的含量变化与沥青的延度之间存在一定关系，其含量越多延度变化越大，但并不是协同改性剂中的两种组分都对延度起到积极的作用，随着 PBL 添加量的增加，改性乳化沥青蒸发残留量的 5℃延度呈明显的上升趋势，而随着 OMMT 的加入，其延度未得到改善，反而有下降的趋势。

这是由于改性沥青在拉伸变形时，PBL、OMMT 和沥青质共同承受力的作用，尤其在低温时由于沥青的变形比 PBL 要小，PBL 具有柔性，所以延度增加，说明 PBL 对改性乳化沥青蒸发残留物的低温性能有所改善。而 OMMT 仍然存在着普通矿物粉体填料的填充特性，所以当掺量较大时，OMMT 同样会有降低沥青低温抗裂性能的趋势。随刚性 OMMT 含量的增大，协同改性剂的弹性不断降低，改性剂对乳化沥青分子运动的阻碍程度也不断增大，从而使 5℃延度减小。

OMMT 对改性乳化沥青蒸发残留量的针入度有较大的影响，随着 OMMT 添加量的增加，针入度不断减小，PBL 对改性乳化沥青蒸发残留物的软化点影响很小，无规律性可循，而 OMMT 的加入，使其软化点呈先上升，后下降的趋势，当 PBL 的添加量为 2%，OMMT 的添加量为 1% 时，其软化点达到最大值。

综上所述，可以看出，"沥青－改性剂"结构单元不仅促进了 PBL/OMMT 协同改性剂与乳化沥青的相容性，同时调整了原有的沥青胶体构成，相对地减少了高温环境中易流动的轻质组分的比例，进而改善了沥青的感温性能，表现为乳化沥青针入度的降低和软化点的提高。

（四）协同改性剂对改性乳化沥青其他性能的影响

在乳化沥青中加入改性剂的目的主要是提高乳化沥青的低温抗裂性、高温稳定性、弹韧性和骨料的黏附性，即提高沥青的软化点、低温延度，增加沥青的韧性和韧度等，但在改性乳化沥青体系中，还要考虑体系的黏度、贮存稳定性等性能。

由表 2-10 中可知，随着改性剂的加入，体系的黏度明显上升，筛上剩余量相对于改性前也有所增加，基本满足我国公路施工技术规范的要求。改性乳化沥青常温储存后出现分层，稳定性较差，PBL 越多，体系越不稳定，而 OMMT 的加入在一定程度上提高了 PBL 与乳化沥青的相容性和稳定性，可能由于一部分 PBL 分子和沥青组分进入到 OMMT 的片层结构中间，增加了 PB 分子的比表面积以及体系的界面张力，同时 PBL/OMMT 协同改性剂解决了 PBL 与乳化沥青的密度差异问题，从而使协同改性体系更加稳定。

有机膨润土与 PB 胶乳协同改性乳化沥青试验的工艺制备是可行的，并且易于操作，工艺简单，性能稳定，成本较低，可以产生较好的经济效益。

第二节　SBS 与 SBR 的改性乳化沥青性能对比分析

我国水泥混凝土路面由于强度高、稳定性好、耐久性好等优点，受到了交通部门的重视，近年来得到迅猛的发展。与此同时，水泥路面的缺陷也明显地表现出来：一方面，由于普通水泥混凝土路面接缝比较多，导致在接缝处容易出现断板、错台、唧泥、坑槽、露骨等病害，直接影响了水泥混凝土路面的平整度，大幅度降低了路面的行车舒适性，同时路面接缝对道路的通行能力、表面功能也有较大的影响；另一方面，大多数普通水泥混凝土路面仍然采用传统的表面处理工艺，如拉毛、刻槽等，采用这些传统工艺的路面，经过一定时间使用之后，容易出现抗滑性变差、耐久性不好等缺点。针对这两类问题，解决措施之一就是在水泥混凝土路面表面层加铺一层满足技术要求的沥青磨耗层，由于旧水泥混凝土路面抗滑能力下降，路面光滑，所以要求用于黏结层的黏层材料具有较高的黏结性及黏附性，才能使沥青磨耗层牢固地黏附于旧水泥混凝土路面上，以抵抗车辆荷载的剪应力作用，普通的乳化沥青无法满足上述苛刻的层间界面条件，这就要求制备性能更好的改性乳化沥青。

截至 2013 年，我国已经建成公路桥梁达 70 余万座，其中特大桥梁近 2 700 座、大桥 60 000 余座。目前，为了解决桥梁本身刚性桥面存在的缺陷，常在桥面表层加铺一层柔性的沥青路面。桥面铺装层不可避免成为这种铺装式路面的薄弱层，薄弱层的破坏是引起桥面铺装层病害的一个主要原因。因此，为了保证桥面铺装层行驶的安全性、舒适性及使用寿命，从黏结层角度出发，寻求一种高性能黏层油，成为一个可行的方案。

鉴于此种情况，我国《公路沥青路面施工技术规范》（JTG F40—2004）针对黏层油做了以下规定：双层式或三层式热拌沥青混合料路面的沥青层之间；水泥混凝土路面、沥青稳定碎石基层或旧沥青路面层上加铺沥青层；路缘石、雨水石、检查井等构造物与新铺沥青混合料接触的侧面，都要求必须喷洒黏层油。目前，常用的黏层材料是普通乳化沥青，但由于其高、低温性能不好、抗疲劳性能差，因此，黏结层间的黏结效果差，不能满足黏结层对黏层油性能指标的要求。解决黏结层层间黏结力不足的可行方法是找到一种强度高、黏结性好、耐久性好的乳化沥青，所以选择了SBS改性乳化沥青与SBR改性乳化沥青进行研究。

通过对SBS与SBR改性乳化沥青黏层油性能开展研究：一方面可以解决上述沥青路面、水泥路面以及桥面铺装黏结层存在的问题，改善道路行车条件，保障道路行车安全；另一方面对发展道路养护技术，节省道路养护投资同样具有重要意义，开展此次研究势在必行，具有重要的理论意义和工程实用价值。

一、SBS 与 SBR 改性乳化沥青原材料的选择及制备工艺

（一）原材料的选择及其技术性质分析

在道路工程中，乳化沥青作为一种筑路材料和养护材料，其应用逐渐在全国范围内得到推广，但是在乳化沥青应用过程中，乳化沥青质量的好坏直接影响到道路的施工质量。尽管乳化沥青仅由沥青材料、乳化剂、助剂、水等组分组成，但是如何通过乳化沥青配伍性设计解决乳化沥青的生产质量问题，制备满足工程需求的乳化沥青以发挥乳化沥青的优势，是合理应用乳化剂的关键环节。

1. 沥青

在改性乳化沥青组分构成中，沥青一般占总份量的 50% ~ 60%，可见沥青是改性乳化沥青组成中主要的原材料，因此沥青技术指标是影响改性乳化沥青性能的关键因素。按照四组分法可以知道，沥青由饱和分、芳香分、胶质、沥青质等组成的混合物，四组分比例不同，沥青胶体结构类型也就不同，沥青乳化的难易程度也随之而发生变化，因此在改性乳化沥青原材料选择时，首先应该考虑到沥青的易乳化性。

沥青的易乳化性与其组分中的沥青酸、蜡含量密切相关：一方面在合适的沥青酸含量范围内，含量大于1%的沥青易于乳化，并且含量越大者越容易乳

化；另一方面，沥青含蜡量则是阻碍沥青乳化的不利因素。其一沥青含蜡量越高，乳化时所需要乳化剂剂量就越大，造成乳化沥青生产成本显著增加；其二含蜡量大的沥青所制得的乳化沥青储存稳定性差，而且其蒸发残留物的技术性质也会受到不利影响，与矿料的黏附能力和感温性也相应地变差。通常沥青中含蜡量在 3% 以下时，沥青比较易于乳化。此外，对于相同油源和加工工艺所得的沥青，在相同的乳化工艺下针入度越大，越易于乳化，但单纯地选择针入度大的沥青不是理性的行为，针入度应该根据乳化沥青在路面工程中的用途和工程所在气候区域共同决定。

2. 乳化剂

由乳化沥青乳化机理可知，乳化剂是关乎沥青是否能够成功乳化的关键因素，沥青乳化剂分子具有不对称的空间结构，分子两端由亲油性的非极性基团与亲水性的极性基团构成，因此它是一种两亲性的分子。鉴于阳离子型乳化剂的优越性以及复配乳化剂所具有的经济上和乳化效果上的优势，选用阳离子型乳化剂及非离子性乳化剂进行试验研究。

3. 助剂

（1）无机盐类助剂。当采用阳离子型乳化剂制备乳化沥青时，一般情况下，可以通过添加 $CaCl_2$、$MgCl_2$、NH_4Cl、$FeCl_2$ 等强酸弱碱盐来改善乳化沥青质量。这是因为：一方面，无机盐类助剂在水中可以电离出离子，以增强乳化剂水溶液的电荷强度，从而抑制沥青微粒的运动；另一方面，这些无机盐溶解于水中，可以增大水相密度，通过减小沥青相与水相之间的密度差，以达到减缓沥青微粒沉降的目的。这两方面的原因均可以改善乳化沥青的储存稳定性，提高乳化沥青的生产质量。对于阴离子型乳化剂，则可以采用掺加 Na_2SO_4、Na_2CO_3、Na_2SiO_3 等无机盐作为改善乳化沥青生产质量的有效措施，无机盐类助剂与乳化剂复合使用后，在保证乳化沥青生产质量的同时，还可以减小乳化剂用量 20% ~ 40%，在一定程度上降低了工程造价。

（2）有机类增稠剂。根据斯托克斯公式，乳化沥青中作为分散相的沥青其微粒沉降速度与作为分散介质的水黏度呈负相关的关系，而与二者密度差成正比关系，所以通过提高分散介质的黏度来达到提高乳化沥青储存稳定性的目的是具有可行性的。有机类增稠剂的添加可以增大乳化沥青的黏度，从而达到提高乳化沥青储存稳定性、改善乳化沥青稀浆混合料和易性等目的。常用的有机类增稠剂有聚乙烯醇、羧甲基纤维素、改性淀粉、甲基纤维素、聚丙烯酸盐及醇类等。

（3）调节溶液酸碱度的助剂。当采用阳离子型乳化剂制备乳化沥青时，大部分阳离子型乳化剂需要与酸反应，生成盐后才能溶解于水中，发挥乳化剂的作用，同样，大多数阴离子型乳化剂则需要 pH 值调至碱性方可。调酸的助剂一般包括盐酸、醋酸、硝酸、乙二酸、柠檬酸等，其中盐酸是效果最好、最经济的，在实际工程中应用最为广泛的 pH 值调节剂。一般烧碱、纯碱、水玻璃等是调至碱性效果比较好的 pH 值调节剂。

当然，使用酸和碱作为助剂，不可避免地会对乳化沥青生产设备造成腐蚀性损害，因此，在乳化沥青生产过程中，需要时刻注意防腐蚀。

选用的助剂分别为 $CaCl_2$、NH_4Cl、聚乙烯醇（PVA）与盐酸（HCl），其技术指标见表 2-11。

表 2-11　各助剂的技术指标

名　称	聚乙烯醇	氯化钙	盐　酸	氯化铵
分子式	PVA	$CaCl_2$	HCl	NH_4Cl
有效物含量	高于 97%	高于 96%		
熔点	338（升华）	78.2℃	−114.8℃（纯）	
沸点	520℃		108.6℃（20%）	520℃
形态	絮状固态	固态	液体	立方体晶体或结晶
颜色	白	白	无色或黄色	无色或白色
特征	味咸、凉而微苦，易溶于水，水溶液呈弱酸性，易潮解腐蚀皮肤	易溶于水，溶于水放大量的热，易潮解腐蚀皮肤	有刺鼻的酸味，易挥发	极易溶解于水、吸潮结块、腐蚀性大

（4）水。水在乳化沥青改性中占 40% ~ 50% 的比例，因此水同样是乳化沥青改性的重要组成部分之一，它既承担着分散相——沥青的分散介质，同时也扮演着乳化剂、pH 值调节剂、稳定剂等原材料溶剂的角色，此外它还能起到延缓化学反应进程的作用，这些都对制备性能优越的乳化沥青改性起到促进作用。除了在沥青乳化过程中所起到的这些关键作用外，水在乳化沥青施工过程中同样起着重要的作用。水具有润湿、黏附及成膜的作用，当改性乳化沥青与集料拌和或喷洒到集料上时，水能迅速润湿干燥集料，并吸附于集料表面而形成一层薄水膜，促使乳化沥青破乳。此外，由于水中可能溶解或悬浮着各种化学物质而含有钙或镁离子，从而影响皂液的 pH 值，损坏沥青乳化效果或者引起过早的破乳，因此在乳化沥青原材料选择时，水也是应当予以关注的关键方面。乳化沥青改性用水主要从外观、pH 值、硬度三方面指标来选取。首

先乳化沥青改性用水应该是外观为无色透明，无悬浮和沉淀物的水，其次水的 pH 值应在 6.0 ~ 8.5 范围内，一般为软水，水的硬度应小于 8 度。选用的试验用水为自来水，其技术指标均满足试验要求。

（5）改性剂。改性剂对乳化沥青改性生产质量有显著的影响，不同的改性剂对沥青技术指标的影响也不尽相同。一般认为，沥青是一种可以溶解较低性对分子质量的油类介质，在沥青中加入改性剂，沥青的成分和结构在改性剂的分子结构以及分子链的作用下会发生改变，从而使沥青材料的流变性能产生变化，沥青材料的路用性能，譬如温度敏感性、抗老化性能、抗疲劳性能，也得到相应的改善。改性剂种类繁多，常用的改性剂有天然橡胶胶乳（NR）、丁苯胶乳（SBR）、氯丁胶乳（CR）、热塑性丁苯橡胶（SBS）、乙烯-乙酸乙烯酯共聚物胶乳、植物纤维等，每种改性剂都有自己的优缺点，目前应用最为广泛是 SBR 和 SBS 改性剂。选用线型结构 SBS 1301 固体改性剂与 SBR 胶乳，用于制备改性乳化沥青。

以上所介绍内容为试验从改性乳化沥青原材料组成出发，分析了材料结构、性能、使用条件以及作用原理。通过对比研究，初步拟定了试验所需要的原材料。其中，基质沥青选取 SK90$^{\#}$ 和宏润 90$^{\#}$ 两种；改性剂选取线型结构 SBS1301 固体改性剂和阳离子 SBR 胶乳两种；乳化剂选取 3 个系列的阳离子型乳化剂和 1 种非离子型乳化剂，分别为阳离子乳化剂 A、B、C、D、E 以及非离子乳化剂 F 共 6 种；助剂分别选取无机盐类 $CaCl_2$、NH_4Cl，有机类 PVA、pH 值调节剂盐酸；试验用水选用自来水。

（二）乳化设备及乳化工艺

1. 乳化设备

乳化设备性能的优劣对由此制备的改性乳化沥青产品的质量、产量、成本以及性能起着主导作用。由于改性乳化沥青微粒的细度和分散的均匀性是影响改性乳化沥青储存稳定性的关键因素，因此，乳化设备是否能使沥青微粒高度分散于乳液中，成为乳化沥青是否制备成功的首要问题。

按沥青乳化设备的力学作用原理以及结构形式，乳化机可以分为以下几种类型。

（1）搅拌式乳化机。搅拌式乳化机是最简单的乳化设备，搅拌棒配有桨叶，一般其位置均偏离搅拌器的中间部位，这样设计可以很好地防止搅拌过程中漩涡的产生。使用这种乳化机时，虽然原材料事先按所需比例配制好，使得乳化沥青生产精度比较高，但是由于搅拌器罐体较小，因此生产效率低下。此外，由于设备的简易性，造成乳化沥青颗粒均匀性差，分散效果不好，现在基本上不再采用。

（2）均化器类乳化机。乳化设备最早使用的设备之一就是均化器，目前工程中常采用的均化器按使用条件的不同分为高压均化器和低压均化器两类。

均化器的工作原理是皂液和热沥青的混合物在设备压力下从小孔喷出，液流在压力差的作用下，体积产生膨胀，扩散，由此而带来沥青微粒之间的激烈碰撞、摩擦作用，使得沥青产生破碎，并且能够均匀分散。这类乳化机可以实现流水线式生产，连续生产带来乳化沥青制备产量的提升。均化器与其他乳化设备相比，其主要的优点是均化头处没有旋转部件，因此制造加工比较容易，而且乳化效果也比搅拌式乳化机好。但其缺点是喷头容易堵塞，因此在使用过程中应该对沥青和皂液进行仔细的过滤，并且要按时进行喷头的清洗工作。

（3）胶体磨式乳化机。胶体磨式乳化机的关键部件是机腔中的转子与定子。胶体磨的工作原理是沥青和皂液在机械搅拌作用下由进口流入机腔，在转子的高速旋转下，沥青与皂液沿转子与定子的缝隙方向移动。转子与定子的圆锥形构造面上均设有齿槽，因此，沥青在转子高速旋转下，就会在转子与定子的缝隙空间中受到离心力、冲击力和摩擦力的综合作用，从而剪切、破碎成细小的沥青微粒，进而均匀分散在乳状液中。通过调节转子和定子间隙的大小可以相应地制备不同细度的乳化沥青。胶体磨类乳化机体积小、安装运输方便，而且操作简单、精度也比较高，是目前最常用的乳化机，而且经过数十年来的演变，国内外已经出现了诸如立式、卧式等不同形式的胶体磨，并且转子和定子的形状也有多种。

（4）剪切机类乳化机。对于剪切机类乳化机，转盘和定盘是乳化机的主要工作部件。转盘和定盘均设计成中空结构，工作面则在转盘与定盘所形成的圆柱面上，圆柱面上均匀分布着与轴线平行的凹形通槽，形成了许多可以产生剪切作用的刀隙套盒，套盒一层固定，一层可以转动。在混合液进入机器中，经过搅拌初步破碎、分散后，沥青在高速旋转的转盘所产生的离心力的作用下发生破碎，从而获得高度的分散。这类乳化机的制造精度要求较高，是先改性后乳化生产工艺常用的乳化设备。

上述4种类型乳化机中，搅拌式效果最差，目前基本已经不再使用，均化器类乳化机稍优于搅拌式，目前也已经很少使用，胶体磨类乳化机目前无论是室内制备还工程上批量生产乳化沥青和改性乳化沥青都广泛地采用，剪切机类乳化机能够有效地把高黏度的改性沥青分散在皂液中，因而可以用来乳化 SBS 改性沥青。由于将固态 SBS 先液化成胶乳再用于生产改性乳化沥青时，造价

第二章　改性乳化沥青的性能探索

较高，所以目前生产 SBS 改性乳化沥青最常用的方法是，先用固态 SBS 改性剂直接生产改性沥青，然后在进行改性沥青的乳化。采用这种生产工艺时，由于一般的乳化设备无法剪切、破碎 SBS 这种高黏性的改性沥青，而剪切机则成了不二的选择。而且由于 SBS 改性乳化沥青性能优越，应用于道路材料的前景广阔，所以剪切机类乳化机作为新一代乳化机将会得到更为广泛的应用。

经过对比分析，选取 RH-5 型立式胶体磨与 FLUKO 型高速剪切机两种设备作为乳化机，分别用来生产 SBR 改性乳化沥青和 SBS 改性乳化沥青。

2.乳化工艺

乳化沥青改性的生产工艺可以分为以下四大类：①先制备出乳化沥青后，再添加胶乳改性剂，从而得到改性乳化沥青，即一次热混合法；②将胶乳改性剂掺配到皂液中，然后与沥青一起添加到胶体磨中制备出改性乳化沥青；③将胶乳改性剂、皂液、沥青同时添加到胶体磨中制备出改性乳化沥青（②③两种方法可以统称为二次热混合法）；④先制备改性沥青，然后将改性沥青进行乳化，制备出乳化的改性沥青，即一次冷混合法。

（1）一次热混合法。这是一种相对简单的制备改性乳化沥青的工艺，主要用于胶乳改性乳化沥青的生产。这种生产工艺的工序流程主要分为两部分，首先将热沥青和皂液一起通过胶体磨制成普通乳化沥青，然后将胶乳改性剂加入普通乳化沥青中，再通过机械搅拌，制得改性乳化沥青。这种生产工艺简单、应用普遍，此外，对乳化设备要求也不高，因此是最早采用的制备改性乳化沥青的工艺，但是由此种工艺制备得到的改性乳化沥青容易产生分层、沉淀，形成乳白色分离层，而且必须要求所使用的改性剂为液态，适用范围也因此受到限制。

（2）二次热混合法。这是国内外常用的一种制备改性乳化沥青的方法，根据乳化剂加入时机的不同，可以分为两种方式：一种典型的生产工序是将胶乳改性剂添加到皂液中，然后将改性的"皂液"与沥青一起倒入胶体磨，制成改性乳化沥青；另一种典型的生产工序是将乳化剂、助剂、水等原材料配成皂液，胶乳改性剂单独放在一个专门的容器中，最终将改性剂与皂液和沥青一起倒入胶体磨。

这种制备改性乳化沥青的工艺，其优点除需要在皂液中掺配胶乳改性剂或者与皂液一起添加到乳化设备外，其他流程与生产普通乳化沥青的工艺流程完全相同，不需要对乳化设备做任何改动；缺点是用该方法生产改性乳化沥青时，改性剂的剂量受到一定的限制，以避免生产出的改性乳化沥青黏度过大，所添加的改性剂胶乳也应该能够耐受皂液 pH 值的影响。

（3）一次冷混合法。该工艺是先将改性剂与基质沥青通过高速剪切机制备出改性沥青，然后将改性沥青加热到一定温度，与一定温度的皂液在高速剪切机中，制得乳化的改性沥青。

考虑到试验所选改性剂及乳化设备，当制备 SBS 改性乳化沥青时采用一次冷混合法乳化工艺，当制备 SBR 改性乳化沥青时采用二次热混合法乳化工艺。

3. 乳化影响因素

（1）乳化温度。改性沥青与皂液的温度是影响改性沥青乳化效果的重要因素，温度过高或过低对改性沥青的乳化效果有着不同程度的影响，有时甚至造成无法乳化的后果。沥青温度过低，则流动性不好，增加了沥青乳化的难度；沥青温度过高，一方面浪费了能源，另一方面乳化过程中会使部分水发生气化，使乳化沥青的油水比发生改变。与此同时，如果沥青温度过高，在乳化过程中容易使乳液发生沸腾，产生大量的气泡，对乳化沥青的质量和产量有极大的影响。为了避免这种现象的发生，制备乳化沥青时应该严格控制沥青皂液的温度。相关学者认为，可以采用下列公式对相应的沥青和皂液温度进行计算：

$$T_W = T_e + (T_e - T_a) \times \frac{C_a A}{C_W W}$$

式中，A——沥青用量（%）；

W——水用量（%）；

C_a——沥青比热溶 $[J \cdot (kg \cdot ℃)^{-1}]$；

C_W——水比热 $[J \cdot (kg \cdot ℃)^{-1}]$；

T_e——乳液温度（℃）；

T_a——沥青温度（℃）；

T_W——皂液温度（℃）。

一般情况下，沥青加热的温度由沥青种类、标号、地区以及季节来决定的，但是大范围内要求需要将沥青加热至具有足够的流动性即可。对于基质沥青来说，一般需要加热至 130 ~ 150℃，而改性沥青则需要加热到 160 ~ 175℃；另外，乳化过程中各个阶段对水温有着不同的要求，溶解各种助剂及乳化剂时水温需要高一些，这样可以更好地溶解各种试剂。而倒入乳化机时，一般将水温控制在 60 ~ 70℃，但是将改性沥青乳化时皂液温度有时需要控制在 90℃左右。

（2）皂液配方。皂液配方是决定沥青是否能够乳化成功的主要因素，因此需要根据所需要乳化沥青的类型以及性能要求选择合适的配方。所谓皂液配方，其实就是乳化剂、水及各助剂所需要的掺量，掺量过多、过少都有可能造成沥青乳化失败。比如，对于乳化剂来说，用量过少，不仅会造成无法乳化成功，即便成功，也将会影响乳化沥青的储存稳定性；用量过多，则增加了乳化沥青的成本，提高了工程造价。

（3）油水比。乳化沥青用于不同结构层时，对乳化沥青黏度、蒸发残留物含量有着不同的要求，影响乳化沥青黏度和蒸发残留物含量的主要因素是乳化沥青的油水比。如果乳化沥青中的沥青含量过低，则乳化沥青黏度小，流动性大，有可能达不到工程所需要的要求。比如，用于黏层油时容易流淌，无法准确控制黏层油用量；如果沥青含量过高，使乳化沥青黏度大、流动性差，同样会影响工程的施工质量。比如，当用作拌和用乳化沥青时，过于黏稠的乳化沥青不利与集料的拌和，造成稀浆混合料工作和易性不好，而作为喷洒用的乳化沥青时，则容易堵塞喷头，影响喷洒质量。因此，制备乳化沥青时，一定要根据实际工程需要，选择合适的油水比。

（4）乳化时间。乳化时间是影响沥青乳化效果的关键因素，选择合适的乳化时间对制备满足要求的乳化沥青有着重要的影响。如果乳化时间太短，有可能影响乳化效果，而乳化时间过长，则有可能破坏已经形成的乳化沥青空间结构。一般情况下，先将皂液倒入乳化机搅拌 30 s，使皂液混合均匀，并且湿润乳化设备关键部件，然后将热沥青慢慢均匀地倒入乳化机，乳化时间控制在 2 ～ 3 min。

（三）改性乳化沥青制备流程

改性乳化沥青主要是由沥青、水、乳化剂、助剂及改性剂等五种原材料组成，根据改性乳化沥青的原材料组成，结合改性乳化沥青的生产工艺，可以将改性乳化沥青的制备流程分为沥青准备、皂液制备、沥青乳化和乳化沥青储存四个过程。

1. 沥青准备

沥青一般占到乳化沥青总质量的50%～65%，是乳化沥青中最主要的组成部分。当乳化沥青喷洒或者拌和后，乳化沥青会产生分裂破乳，破乳之后真正起作用的是乳化沥青水分蒸发后残留的沥青。由此可见，沥青是影响改性乳化沥青性能最关键的因素，因此，沥青的准备工作是一个十分重要的环节。根据工程上的需求，结合乳化沥青的用途以及是否需要改性，选取适合的沥青品牌和标号以及改性剂种类。对于 SBS 改性沥青，准备工作主要是将沥青改性及乳化前将其加热并保持在适宜的温度；对于 SBR 改性乳化沥青，则不需要第一步工作。

2. 皂液制备

根据所用改性剂及基质沥青的不同，选择适宜的乳化剂种类和剂量以及助剂的种类和剂量来配制皂液。根据乳化设备及改性剂种类的不同，皂液的配制也有差异，一般情况下皂液的配制流程为"乳化剂→稳定剂→水→ HCl 溶液→改性剂胶乳"。

（1）乳化剂。温度对乳化剂及各种助剂的充分溶解有着重要的影响。温度过低，乳化剂及各种助剂不能得到充分的溶解，无法发挥最佳的乳化效果；温度过高，容易变质。因此，温度一般在 60 ～ 90℃之间。

（2）稳定剂。试验采用有机稳定剂与无机稳定剂复配的形式。首先将有机稳定剂溶解于热水中，用玻璃棒搅拌使其充分溶解，待有机稳定剂完全溶解后静置，使其温度降至 60℃左右时，倒入已经计量好的乳化剂中，然后加入无机稳定剂。

（3）水。加入计量好的 60℃左右的水。

（4）HCl 溶液。乳化剂只有在特定的 pH 值范围内才能达到最大的溶解度，发挥其最大活性。各种乳化剂所要求的 pH 值不尽相同，需要根据各种乳化剂的不同要求，调节水溶液的 pH 值，使乳化剂在水中溶解充分，以达到最理想的乳化效果。

（5）改性剂胶乳。如若需要在皂液中添加改性剂胶乳，需要在 pH 值调节满足要求后加入。这是因为，改性剂胶乳一般呈乳白色，如果在 pH 值未调定之前加入，由于颜色覆盖等问题，容易对 pH 值测定造成影响，致使无法准确调节 pH 值至所需要的范围。

3. 试验温度的确定

将基质沥青或者改性沥青和皂液混合时要综合考虑两者的温度，沥青的加热温度和皂液的初始温度是很重要的工艺参数。一方面，对于沥青来说，若加热温度过低，沥青黏度大，流动性差，会增大沥青乳化困难，而提高沥青的加热温度可有效降低沥青的黏度，增加沥青的流动性，不仅利于提高剪切机的剪切作用，而且也减少了动能的消耗，但如果沥青温度过高，与皂液混合时两者的温差太大，容易造成水溶液的局部沸腾，甚至引起水分气化而影响乳化效果，因此沥青的温度也不宜太高。另一方面，皂液里含有乳化剂，虽然升高皂液温度可以提高乳化效果，但过高的温度有可能会使乳化剂失去活性，为了防止此类现象的发生，需要选择一个合适的乳化温度。通过试验验证，同时考虑到乳化过程水分蒸发现象，为了使改性乳化沥青的乳状液温度控制在 80 ～ 90℃，最终的试验温度方案如下：对于基质沥青加热温度选为 150 ～ 160℃，SBS 改性沥青加热温度定为 170 ～ 175℃，皂液的温度在 60 ～ 90℃内，随着改性剂掺量的增加而增大。

4. 改性沥青的乳化

（1）SBR 胶乳改性乳化沥青的制备。

1）预热乳化机。将加热至与所需皂液温度差不多的水倒入乳化机，如图 2-3 所示，并开启乳化机，使机器内部预热，达到所需要的温度。

图 2-3　RH-5 型立式胶体磨

2）倒入皂液。将计量好的并加热至所需温度的皂液倒入乳化机，使皂液在乳化机的搅拌作用下混合均匀，搅拌时间控制在 30 s 以内，以防止搅拌时间过长，皂液温度下降过多。

3）倒入沥青。将计量好并加热至所需温度的沥青倒入乳化机，沥青不宜一次倒完，需要控制流量，缓缓倒入，并且边加边用玻璃棒搅拌，以便及时消除乳化过程中产生的泡沫。乳化时间应该控制在 2 ～ 3 min：一方面，乳化时间过短，沥青得不到充分的乳化；另一方面，乳化时间过长，反而会起到破坏作用，而且浪费能源。

（2）SBS 改性沥青的乳化。

1）将已经配好的皂液倒入烧杯中，加热至所需温度，置于剪切机剪切头的下方，调节剪切头高度，使剪切头完全浸没于皂液中，目的是为了减少乳化过程中空气的引入。然后，缓慢地开启高速剪切机，当转度达到 3 500 ～ 4 000 r·min⁻¹

时，恒定大约30 s，使皂液在乳化机的搅拌作用下混合均匀。

2）将高速剪切机转速调至7 500～8 000 r·min^{-1}（转速不宜过高，过高容易引起溶液的飞溅，这不仅会造成环境污染而且容易损坏仪器），将事先称量好的SBS改性沥青沿烧杯壁缓缓地注入烧杯中，刚开始倒入沥青的速度应稍微快点，随着乳化的进行，倒入沥青的速度应适当地放慢，以防止爆沸。在乳化过程中，适当移动烧杯，使乳化沥青的乳化更加均匀、充分，最终形成沥青以细小的颗粒，稳定而均匀地分散于皂液中，乳化时间应控制在5 min左右。

5.乳化沥青改性后的储存

刚制备好的改性乳化沥青，其温度通常会高于室温，一般在80℃左右。在高温条件下，一方面乳状液的水分容易蒸发，影响油水比；另一方面乳化沥青内部和表层的温度下降不均匀，可能会导致表层因失水过多而结皮。为了避免此种现象的发生，应该在乳化完成后将乳化沥青用器皿密封保存，置于60℃恒温箱中，并适时对乳化沥青进行搅拌，防止表层水分蒸发过快而结皮，约30 min后将乳化沥青从恒温箱中取出，在达到室温前适时施以搅拌，然后密封保存，备用。

6.乳化沥青改性技术指标检测方法

将制备好的改性乳化沥青根据不同试验的具体要求，参照《公路工程沥青与沥青混合料试验规程》（JTJ—2000），完成乳化沥青改性的技术指标试验。这些指标主要包括蒸发残留物技术指标、储存稳定性、标准黏度、显微镜微观结构等试验，其中蒸发残留物技术指标试验包括针入度、软化点、延度、布氏旋转黏度等。改性乳化沥青的技术要求见表2-12，改性乳化沥青的品种及适用范围见表2-13。

表2-12 改性乳化沥青技术要求

试验项目		单 位	品种及代号		试验方法
			PCR	BCR	
破乳速度			快裂或中裂	慢裂	T0658
粒子电荷			阳离子（+）	阳离子（+）	T0653
筛上剩余量（1.18mm），不大于		%	0.1	0.1	T0652
黏度	恩格拉黏度 E_{25}		1～10	3～30	T0622
	沥青标准黏度 $C_{25,3}$	s	8～25	12～60	T0621

续 表

试验项目		单 位	品种及代号		试验方法
			PCR	BCR	
蒸发残留物	含量，不小于	%	50	50	T0651
	针入度（100 g，25℃，5 s）	0.1mm	40 ~ 120	40 ~ 100	T0604
	软化点，不小于	℃	50	53	T0606
	延度（5℃），不小于	cm	20	20	T0605
	溶解度（三氯乙烯），不小于	%	97.5	97.5	T0607
与矿料的黏附性，裹覆面积，不小于			2/3		T0654
储存稳定性	1d，不大于	%	1	1	T0655
	5d，不大于	%	5	5	T0655

表 2-13　改性乳化沥青的品种和适用范围

品 种		代 号	适用范围
改性乳化沥青	喷洒型改性乳化沥青	PCR	黏层、封层、桥面防水黏结层用
	拌和用改性乳化沥青	BCR	改性稀浆封层和微表处用

二、SBS 与 SBR 改性乳化沥青的制备

试验所研究的改性乳化沥青，主要用于黏层油，喷洒于抗滑性不足的水泥混凝土路面，再加铺沥青混合料层，来提高水泥混凝土路面的抗滑性，或用作桥面铺装的黏层油。黏层油性能的优劣性将直接影响结构层间的黏结效果，因此，制备性能良好的 SBS、SBR 改性乳化沥青尤为重要。

（一）SBS 改性沥青的制备

1.制备 SBS 改性沥青的原材料

（1）沥青。基质沥青中各组分的含量对沥青与 SBS 的相容性有很大的影响，相对于轻质油分含量低的沥青。当轻质组分含量高时，SBS 改性剂在沥青中能充分溶胀、吸收轻质组分，使其分子充分伸展，继而发生物理缠结与化学交联现象。因此，不同种类的沥青，其四组分各不相同，对改性沥青的改性效果也各不相同。试验选用韩国 SK90# 沥青和宏润 90# 沥青，其基本技术性质指标见表 2-14 及表 2-15。

表 2-14　SK90# 基质沥青的技术性质

技术指标		单　位	测定值	试验方法
针入度	30℃	0.1mm	151	T 0604—2000
	25℃	0.1mm	85	
	15℃	0.1mm	24	
软化点		℃	47.5	T 0606—2000
针入度指数			−1.89	

表 2-15　宏润 90# 基质沥青的技术性质

技术指标		单　位	测定值	试验方法
针入度	30℃	0.1mm	125	T 0604—2000
	25℃	0.1mm	67	
	15℃	0.1mm	25	
软化点		℃	48.1	T 0606—2000
针入度指数			−0.92	

（2）SBS 改性剂。热塑性丁苯橡胶 SBS 为白色或浅黄色的多孔圆条或圆片形小颗粒，SBS 改性剂兼有橡胶和塑料两种性能，常温下具有橡胶的弹性，高温下则表现出塑性，因而称其为热塑性弹性体。按照 SBS 中苯乙烯和丁二烯比例的不同以及改性剂分子结构的差异，SBS 改性剂可以分为线型结构和星型结构两种。

SBS 的结构、相对分子质量、嵌段比及用量对改性沥青性能都有不同程度的影响，较高的苯乙烯含量可以改善改性沥青的高温性能，而较高的丁二烯含量可以提高改性沥青的低温性能。一般星形结构的 SBS 与基质沥青的相容性较差，原因在于其相对分子质量大，在基质沥青中溶胀难度大，但其改性效果优于线形结构的 SBS，选用线形结构的 SBS1301 改性剂。

（3）稳定剂。SBS 改性沥青存在储存稳定性不好的问题，因此成品的 SBS 改性沥青在储存、运输过程中如果放置时间过长，常常会产生离析现象，这一问题在长途运输时更为严重，而 SBS 改性沥青稳定剂的添加可以有效地缓解或改善这类问题，选用硫磺作为 SBS 改性沥青的稳定剂。

综上所述，试验制备 SBS 改性沥青的原材料为韩国 SK90# 沥青、宏润 90# 沥青、某公司生产的线形结构 SBS1301 改性剂以及某公司生产的稳定剂（硫磺），试验仪器采用 FLUKO 型高速剪切分散乳化机。

2.SBS 改性沥青制备工艺

FLUKO 型高速剪切分散乳化机进行 SBS 改性沥青的制备，如图 2-4 所示。

图 2-4　FLUKO 高速剪切分散乳化机

当高速剪切机开启后，在剪切头的高速旋转下，其下方形成真空区，吸入改性剂与沥青的混合物，一方面通过转子与定子上的小孔将改性剂强迫剪切、分散；另一方面基质沥青在剪切头高速旋转下形成高速液流，使 SBS 颗粒能够均匀分散于基质沥青中。在改性沥青制备工艺中，在原材料以及改性设备选定的条件下，温度控制是其最重要的加工环节。考虑到 SBS 改性剂的熔点在 180℃左右，一方面基质沥青加热温度越高，SBS 改性剂越容易被熔化，加快了与沥青的溶解速度；另一方面，过高的加热温度会加速基质沥青的老化，并且 SBS 改性剂也会发生氧化、焦化、分解、降解等老化现象，造成 SBS 使用性能下降。因此试验最终选用的改性工艺如下：

将基质沥青加热至 150 ~ 160℃时加入 SBS 改性剂，使其在沥青中溶胀 10 min 左右，开启高速剪切机，为了防止开始启动时电流过大而烧毁电动机，应该低速搅拌几分钟后，缓慢地将转速调至所需要的转速。

将基质沥青与 SBS 改性剂混合物在 170 ~ 180℃下选用 7 000 ~ 8 000 r·min^{-1} 转速高速剪切 45 min。

由于在改性沥青制备过程中会混入大量的空气，使 SBS 改性沥青放置较长时间时发生离析现象，影响沥青的后续性能试验，需要在试验过程 45 min 时加入稳定剂（硫磺，掺量为 0.6‰），继续剪切 20 min。

将上述制得的 SBS 改性沥青放入 170℃烘箱中溶胀溶胀发育 2 h。

通过上述工艺制得 SBS 掺量分别为 3.0%、3.5%、4.0% 的 SBS 改性沥青，其基本技术性质指标见表 2-16 和表 2-17，135℃时的旋转黏度见表 2-18 及表 2-19。

多年的应用研究表明，SBS 剂量对改性沥青的改性效果有显著的影响。无论 SK90# 还是宏润 90# 沥青，随着 SBS 剂量的增加，其针入度减小，而软化点、延度则呈现增大的趋势。这是由于基质沥青经过改性之后，沥青相态结构发生变化，沥青稠度变大，高、低温性能得到改善。此外，在改性剂剂量相同的情况下，SBS（SK90#）改性沥青的延度比 SBS（宏润 90#）改性沥青大，而其软化点、针入度却比 SBS（宏润 90#）改性沥青小，且 SBS（SK90#）改性沥青的感温性能较之 SBS（宏润 90#）也得到很大的提高。这与基质沥青的组分构成有关，试验中所用 SK90# 沥青中芳香分、饱和分含量大于宏润 90# 沥青，而沥青质、胶质含量则低于后者，即 SK90# 具有与 SBS 更好的相容性，因此 SBS（SK90#）改性沥青的改性效果优于 SBS（宏润 90#）。

表 2-16　SBS（SK90#）改性沥青的基本技术性质指标

指标 沥青		针入度 30℃	针入度 25℃	针入度 15℃	针入度 指数	软化点	延度
		0.1mm	0.1mm	0.1mm		℃	cm
SK90#	SBS（3.0%）	87	54	22	0.05	54.1	30.3
	SBS（3.5%）	82	52	20	−0.15	58.5	33.6
	SBS（4.0%）	79	49	19	0.20	61.1	35.4

表 2-17　SBS（宏润 90#）改性沥青的基本技术性质指标

指标 沥青		针入度 30℃	针入度 25℃	针入度 15℃	针入度 指数	软化点	延度
		0.1mm	0.1mm	0.1mm		℃	cm
宏润 90#	SBS（3.0%）	88	53	25	0.73	66.6	30.0
	SBS（3.5%）	84	51	24	0.75	69.0	31.8
	SBS（4.0%）	81	47	21	0.26	71.5	33.1

表 2-18　135℃时 SBS（SK90#）改性沥青的旋转黏度 /（MPa·s⁻¹）

沥青转速 /（r·min⁻¹）		10	20	50	100
SK90#	SBS（3.0%）	1.35	1.27	1.20	1.10
	SBS（3.5%）	1.50	1.45	1.39	1.35
	SBS（4.0%）	1.850	1.665	1.650	1.375

表 2-19 135℃时 SBS（宏润 90#）改性沥青的旋转黏度 /（MPa·s⁻¹）

沥青转速 /（r·min⁻¹）		10	20	50	100
宏润 90#	SBS（3.0%）	1.40	1.10	1.02	0.92
	SBS（3.5%）	1.285	1.270	1.267	1.260
	SBS（4.0%）	1.375	1.325	1.305	1.255

由表 2-18 及表 2-19 可以得出，无论 SK90# 还是宏润 90#，随着 SBS 剂量的增加，135℃时的旋转黏度值逐渐增大，即 SBS 改性沥青的稠度变大。在不同的转速下，相同掺量的 SBS 改性沥青旋转黏度值随转速的增大而变小，即改性沥青变稀。此外，在相同改性剂剂量及转速的情况下，SBS（SK90#）改性沥青的旋转黏度值大于 SBS（宏润 90#）改性沥青。此与上述 SBS（SK90#）改性沥青技术指标优于 SBS（宏润 90#）改性沥青具有相同的规律性。

（二）SBS 改性乳化沥青的制备

1.SBS 改性乳化沥青原材料配伍设计方案

乳化剂选用 3 种系列的阳离子型乳化剂 A 与 B、C 与 D、E 以及非离子型乳化剂 F；稳定剂选用无机稳定剂 A、B，有机稳定剂 A；pH 值调节剂盐酸（HCl）；沥青选用 SBS 改性沥青（SBS 掺量为 3.0%，SK90# 基质沥青）。

（1）乳化剂的筛选及最佳用量的确定。试验选用 SBS 改性沥青专用乳化剂 A，考虑到复配乳化剂在经济上以及乳化效果上的优越性，选用乳化剂 A 与非离子型乳化剂 F 复配的乳化方案，见表 2-20。

表 2-20 SBS 改性乳化沥青制备方案 1～3

方　案	乳化剂 A/（%）	乳化剂 F/（%）	有机稳定剂 A/（‰）	无机稳定剂 A/（‰）	油水比	pH 值
1	3.0	0.6	6	2	50：50	2～3
2	3.0	1.0	6	2	50：50	2～3
3	3.0	1.5	6	2	50：50	2～3

方案 1，乳化不完全，放置几小时后破乳，乳液表面的沥青结皮，乳液中的沥青结团；方案 2，增大乳化剂 F 的用量为 1%，乳化不完全，用玻璃棒搅拌时有缠绕现象；方案 3，继续增大 F 的用量为 1.5%，乳化过程顺利，放置十

几小时后破乳，乳液中的沥青结团。通过分析其原因为：一是乳化剂乳化效果不好，造成乳化不完全；二是稳定剂配伍性不好，造成存储过程中破乳现象的发生。因此，试验改用乳化剂 A 与乳化剂 C 复配以及二者与非离子型乳化剂 F 复配的方案，并增大稳定剂用量，方案见表 2-21。

表 2-21　SBS 改性乳化沥青制备方案 4 ~ 7

方　案	乳化剂 A/（%）	乳化剂 C/（%）	乳化剂 F/（%）	有机稳定剂 A/（‰）	无机稳定剂 A/（‰）	油水比	pH 值
4	1.5	1.5	0	8	2.5	50：50	2 ~ 3
5	1.5	1.5	1.5	8	2.5	50：50	2 ~ 3
6	1.0	2.0	0	8	2.5	50：50	2 ~ 3
7	2.0	1.0	0	8	2.5	50：50	2 ~ 3

方案 4，乳化过程顺利，放置 1d 后，乳液无分层现象，但含有少量的沥青块；方案 5，在方案 4 中加入 1.5% 的乳化剂 F，乳化不完全，高速剪切机上有沥青聚团及黏结现象，放置 1d 后破乳；方案 6，重新调整乳化剂 A 与乳化剂 C 的比例，虽然乳化过程顺利，但乳化不完全，放置 2 h 后分层，用玻璃棒搅拌时有缠绕现象；方案 7，现象与方案 6 相仿。分析现象可知，乳化剂 A 与乳化剂 C 复配，与单独使用乳化剂 A 相比确实有一定的改善作用，但是并不能够取得较好的乳化效果，而二者与乳化剂 F 再次复配之后，甚至对乳化效果有破坏作用。因此，重新调整方案，采用相同系列乳化剂 A 与乳化剂 B 复配设计试验方案，见表 2-22。

表 2-22　SBS 改性乳化沥青制备方案 8 ~ 9

方　案	乳化剂 A/（%）	乳化剂 B/（%）	乳化剂 F/（%）	有机稳定剂 A/（‰）	无机稳定剂 A/（‰）	油水比	pH 值
8	1.5	1.5	1.5	8	2	50：50	2 ~ 3
9	1.5	1.5	0	8	2	50：50	2 ~ 3

方案 8，乳化不完全，高速剪切机上有黏结现象，放置 1d 后，乳液分层，乳液中有沥青聚团以块状存在；方案 9，乳化过程顺利，放置 1d 后，乳液表面有结皮，乳液分层并有沥青小块存在。分析认为，相同系列乳化剂 A 与 B 针对 SBS 改性沥青，无法取得理想的乳化效果，因此改用另一系列的乳化剂 C 与 D 重新调整方案，见表 2-23。

表 2-23　SBS 改性乳化沥青制备方案 10 ~ 12

方　案	乳化剂 C/（%）	乳化剂 D/（%）	有机稳定剂 A/（‰）	无机稳定剂 A/（‰）	油水比	pH 值
10	1.5	1.5	8	2.5	50∶50	2 ~ 3
11	1	2	8	2.5	50∶50	2 ~ 3
12	2	1	8	2.5	50∶50	2 ~ 3

　　方案 10，乳化过程顺利，放置 1d 后，乳液分层，有絮状物；方案 11 和方案 12，乳化时泡沫丰富，放置 1d 后破乳，乳液中有聚团现象。通过对试验现象进行分析发现，对于 SBS 改性乳化沥青，乳化剂 C 与乳化剂 D 均无法取得理想的乳化效果，因此试验更换乳化剂类型，选用乳化剂 E 进行乳化剂筛选，见表 2-24。

表 2-24　SBS 改性乳化沥青制备方案 13 ~ 18

方　案	乳化剂 E/（%）	有机稳定剂 A/（‰）	无机稳定剂 A/（‰）	油水比	pH 值
13	2.2	0	2	50∶50	2 ~ 3
14	2.5	0	2	50∶50	2 ~ 3
15	2.7	0	2	50∶50	2 ~ 3
16	3.0	0	2	50∶50	2 ~ 3
17	3.0	0	3	50∶50	2 ~ 3
18	3.0	5	3	50∶50	2 ~ 3

　　方案 13，乳化过程顺利，放置 1d 后，乳液表面结有一层硬皮，内有沉积物；方案 14，增大乳化剂 E 用量为 2.5%，乳化过程顺利，放置 1d 后，乳液表面有结皮且难分散；方案 15，增大乳化剂 E 的用量为 2.7%，乳化过程顺利，放置 1d 后，乳液表面虽有结皮，但可以用玻璃棒搅开；方案 16，增大乳化剂 E 的用量为 3.0%，乳化过程顺利，放置 1d 后，溶液表面有一层薄皮，用玻璃棒搅开，溶液均匀分布，但放置后乳液分层严重；方案 17，增加无机稳定剂 B 含量为 3‰，乳化过程顺利，放置 1d 后，乳液分层，用玻璃棒搅动，乳液又重新分布均匀；方案 18，加入有机稳定剂 A 含量为 5‰，乳化过程顺利，放置 1d 后，无分层结皮，乳化效果好。

通过对以上18种试验方案进行综合对比，乳化剂E具有最好的乳化效果，并且方案18具有最佳的乳化效果。因此，最终确定方案18为皂液初步配方，再进行最佳油水比确定的试验。

（2）最佳油水比的确定。最佳油水比试验设计方案见表2-25。

表2-25 SBS改性乳化沥青最佳油水比试验设计方案

方　案	乳化剂 E/（%）	有机稳定剂 A/（‰）	无机稳定剂 A/（‰）	油水比	pH 值
18	3.0	5	3	50：50	2 ~ 3
19	3.0	5	3	55：45	2 ~ 3
20	3.0	5	3	60：40	2 ~ 3

通过对3种试验方案的乳化过程及储存现象的观察可知：虽然方案18的改性乳化沥青稳定性好、乳化完全，但乳液过稀，在实际工程喷洒时乳液容易沿路漫流，无法准确控制撒布量，不利施工；方案19，改变油水比为55:45，乳化过程顺利，放置5d，无分层结皮现象；方案20，油水比为60:40，乳化过程顺利，放置1d，无分层结皮，但其过于黏稠，施工时容易堵塞喷头，不利喷洒作业的实施。综上所述，方案19是最佳的原材料配伍性设计方案。

2.SBS改性乳化沥青的亚微观结构分析

鉴于SBS改性乳化沥青良好的储存稳定性，从微观结构进一步分析SBS改性乳化沥青乳液的分布情况，试验采用显微镜来分析，其图像如图2-5所示。

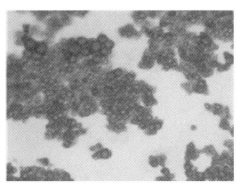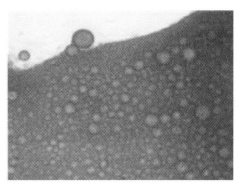

（a）　　　　　　　　　　　（b）

图2-5 SBS改性乳化沥青的显微镜图像

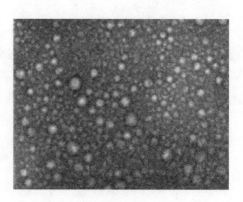

（c）

续图 2-5　SBS 改性乳化沥青的显微镜图像

（a）SBS 改性乳化沥青乳液中的沥青；（b）乳化剂及各种助剂在水中游动，聚集后成行情况；（c）SBS 改性乳化沥青乳液中的沥青微粒、乳化剂及各种助剂的分布情况

　　由图 2-5 可以看出，SBS 改性乳化沥青乳液中沥青、乳化剂及各种助剂以细小的微粒均匀地分散于水中，图 2-5（a）图像为 SBS 改性乳化沥青乳液中沥青、乳化剂及各种助剂在水中游动，聚集后形成图 2-5（b），图 2-5（c）为 SBS 改性乳化沥青乳液中沥青微粒、乳化剂及各种助剂的分布情况。

　　3. 两种 SBS 改性乳化沥青技术指标对比

　　试验选用 SK90#、宏润 90# 基质沥青，SBS1301 改性剂，方案 19 的配伍设计方案，SBS 改性乳化沥青。其 SBS 改性乳化沥青蒸发残留物的技术指标见表 2-26，SBS 改性乳化沥青蒸发残留物 135℃时的旋转黏度见表 2-27，SBS 改性乳化沥青的标准黏度和 5d 储存稳定性见表 2-28。

表 2-26　SBS 改性乳化沥青蒸发残留物的技术指标

沥青指标		针入度 30℃	针入度 25℃	针入度 15℃	针入度指数	软化点	延度
		0.1mm	0.1mm	0.1mm		℃	/cm
SK90#	SBS（3.0%）	75	47	22	0.89	55.8	22.0
	SBS（3.5%）	73	44	21	0.81	58.3	24.3
	SBS（4.0%）	72	42	17	−0.22	75.5	26.7
宏润90#	SBS（3.0%）	78	54	30	2.66	64.0	21.8
	SBS（3.5%）	75	49	25	1.67	68.1	23.0
	SBS（4.0%）	74	44	23	1.32	70.9	24.2

SBS 改性乳化沥青蒸发残留物各项技术指标都符合规范要求。总体来说，SBS（SK90#）改性乳化沥青蒸发残留物各项技术指标优于 SBS（宏润 90#）。在相同的试验条件下，SBS 改性乳化沥青蒸发残留物各项技术指标规律性与 SBS 改性沥青基本一致，但相比 SBS 改性沥青其基本技术指标均稍有所降低。SBS 改性乳化沥青蒸发残留物各项技术指标降低的原因在于：一是在制备 SBS 改性乳化沥青蒸发残留物时，蒸发过程中难免出现沥青短期老化现象的发生。沥青的老化将会导致沥青的结构和性能发生变化，生成使沥青变硬、劲度增大的不可逆转的化学物质，另外，沥青的老化是由热引起的静态老化，通常是由轻质组分的挥发所致；二是 SBS 改性沥青乳化过程中加入的乳化剂及各种助剂残留在 SBS 改性乳化沥青蒸发残留物中，导致 SBS 改性乳化沥青蒸发残留物各项技术指标降低。

表 2-27　SBS 改性乳化沥青蒸发残留物 135℃的旋转黏度 / （MPa·s^{-1}）

沥　青		转速 / （r·min^{-1}）	10	20	50	100
SK90#	SBS（3.0%）	黏度值	1.300	1.250	1.220	1.258
	SBS（3.5%）	黏度值	1.800	1.750	1.600	1.545
	SBS（4.0%）	黏度值	1.901	1.856	1.734	1.720
宏润 90#	SBS（3.0%）	黏度值	1.656	1.650	1.640	1.617
	SBS（3.5%）	黏度值	2.075	2.037	2.005	2.000
	SBS（4.0%）	黏度值	2.287	2.250	2.200	超范围

由表 2-27 可知，对于 SK90# 及宏润 90# 沥青，135℃时 SBS 改性乳化沥青蒸发残留物的旋转黏度值都随 SBS 剂量的增加而增大；对同种改性乳化沥青而言，其旋转黏度值随转速的增大而减小。此外，与乳化前 SBS 改性沥青相比，在相同的 SBS 掺量下，SBS（宏润 90#）改性乳化沥青与 SBS（SK90#）改性乳化沥青蒸发残留物旋转黏度值比乳化前均有所增大，而且 SBS（宏润 90#）改性乳化沥青蒸发残留物的 135℃时的旋转黏度增幅与 SBS（SK90#）改性乳化沥青蒸发残留物相比增幅明显。以 10 r·min^{-1} 转速下，SBS 掺量为 3.5% 为例，乳化前 SK90# 改性沥青旋转黏度为 1.500 MPa·s^{-1}，宏润 90# 改性沥青旋转黏度为 1.285 MPa·s^{-1}，乳化后蒸发残留物 SK90# 改性沥青旋转粘度为 1.800 MPa·s^{-1}，宏润 90# 改性沥青旋转黏度为 2.075 MPa·s^{-1}，较之乳化前，SK90# 改性沥青增大了 20%，宏润 90# 则提升了 61%，后者增幅明显高于前者。乳化后的蒸发残留物旋转黏度值增大的原因在于：一方面制备改性乳化沥

青时所添加的乳化剂及各种助剂改善了沥青微粒之间的交联作用，增大了沥青黏度值；另一方面，改性乳化沥青蒸发残留过程中将会发生沥青的老化现象，轻质组分的减少、重质组分的增加同样增大了沥青黏度值。

表 2-28 SBS 改性乳化沥青的技术指标

沥青指标		标准黏度 25℃ /s	5d 的储存稳定性 / （%）
SK90#	SBS（3.0%）	14.0	1
	SBS（3.5%）	15.0	2
	SBS（4.0%）	17.0	2
宏润 90#	SBS（3.0%）	11.0	2
	SBS（3.5%）	13.0	3
	SBS（4.0%）	15.0	3

由表 2-28 可知，SBS 改性乳化沥青 25℃时的标准黏度与 5d 储存稳定性都满足规范要求，随着 SBS 剂量的增大，SBS 改性乳化沥青标准黏度值也增大。

三、SBR 改性乳化沥青制备

根据试验选择的 SBR 改性乳化沥青制备工艺可知，由于采用 SBR 胶乳，所以不存在 SBR 改性沥青的制备过程。

（一）SBR 改性乳化沥青的原材料配伍设计方案

乳化剂选用阳离子乳化剂 A、C、E；稳定剂选用无机稳定剂 B、有机稳定剂 A；pH 值调节试剂盐酸；阳离子型 SBR 胶乳；SK90#、宏润 90# 基质沥青。

1. 乳化剂的筛选

试验选用乳化剂 C 作为制备 SBR 改性乳化沥青的乳化剂，方案见表 2-29。

表 2-29 SBR 改性乳化沥青制备方案 1 和方案 2

方案	乳化剂 C/（%）	有机稳定剂 A/（‰）	无机稳定剂 A/（‰）	油水比	pH 值
1	2.5	5	3	55 : 45	2 ~ 3
2	3.0	5	3	55 : 45	2 ~ 3

方案 1, 乳化过程顺利, 但泡沫丰富, 放置 1d, 无分层、破乳, 放置 2d, 乳液表面结有一层硬皮; 方案 2, 乳化剂 C 用量增加到 3%, 试验现象跟方案 1 相仿。由此可知, 乳化剂 C 用于 SBR 改性乳化沥青制备时, 无法取得较好的乳化效果。因此, 试验重新选用乳化剂 A、E 设计试验方案, 见表 2-30。

表 2-30　SBR 改性乳化沥青制备方案 3 ~ 方案 5

方　案	乳化剂 A%	乳化剂 E%	有机稳定剂 A‰	无机稳定剂 A‰	油水比	pH 值
3	2.5	0	5	3	55 : 45	2 ~ 3
4	0	2.5	5	3	55 : 45	2 ~ 3
5	0	2.5	7	3	55 : 45	2 ~ 3

方案 3, 乳化过程顺利, 但泡沫丰富, 放置 1d, 乳液表面结有一层厚皮; 方案 4, 乳化过程顺利, 放置 1d, 乳液表面结有一层薄皮, 可以搅开, 放置 2d 后有分层; 方案 5, 在方案 4 中增加有机稳定剂 A 的用量为 7‰, 乳化过程顺利, 放置 2d, 无分层结皮。因此, 方案 5 是最佳的试验方案。

（二）SBR 改性乳化沥青的亚微观结构分析

鉴于 SBR 改性乳化沥青良好的性能, 从微观结构进一步分析 SBR 改性乳化沥青溶液的微观分布情况, 试验采用透射显微镜来分析, 如图 2-6 所示。

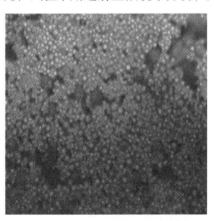

图 2-6　SBR 改性乳化沥青的显微镜图像

由图 2-6 可知, SBR 改性乳化沥青乳液中沥青、改性剂、乳化剂及各种助剂均匀地分散于水中, 但颗粒大小不一, 没有图 2-5 中的颗粒均匀性好。这可能与改性乳化工艺有关, 由于制备 SBS 改性乳化沥青使用的是高速剪切机, 而 SBR 改性乳化沥青是在胶体磨中完成对沥青的改性及乳化, 使 SBS 改性乳化沥青比 SBR 改性乳化沥青具有更高的均匀性和更小的颗粒性。一方面, 改性乳化沥青微粒越细小、颗粒均匀性越好，越利于改性剂分子与沥青微粒之间的相互作用，二者相容性提高，改性效果得到改善；另一方面，制备 SBS 改性沥青需要 170～180℃高温条件，而 SBR 的改性作用是在热沥青与皂液混合时实现的，二者混合后的乳液温度只有 90℃左右。温度越高，越能加速改性剂分子与沥青微粒之间的相互作用，改善其改性效果，因此，SBS 改性乳化沥青溶液比 SBR 颗粒均匀、细小，且在水中分布得更均匀。

（三）两种 SBR 改性乳化沥青技术指标的对比

试验选用 SK90#、宏润 90# 基质沥青，SBR 胶乳，方案 5 的配伍设计方案，制备 SBR 改性乳化沥青（SBR 掺量分别为 2.5%、3.0%、3.5%）。其 SBR 改性乳化沥青的标准黏度和 5d 储存稳定性见表 2-31，SBR 改性乳化沥青的蒸发残留物技术指标见表 2-32。

表 2-31 SBR 改性乳化沥青的技术指标

沥青指标		标准黏度 25℃ /s	5d 的储存稳定性 /（%）
SK90#	SBS（2.5%）	12.0	3
	SBS（3.0%）	13.4	2
	SBS（3.5%）	15.0	2
宏润 90#	SBS（2.5%）	11.1	2
	SBS（3.0%）	12.6	3
	SBS（3.5%）	14.2	1

由表 2-31 可知，SBR 改性乳化沥青 5d 储存稳定性满足规范的要求，且随着 SBR 改性剂剂量的增加，标准黏度增大。

表 2-32 SBR 改性乳化沥青的蒸发残留物技术指标

沥青指标		针入度 30℃	针入度 25℃	针入度 15℃	针入度指数	软化点	延度
		0.1mm	0.1mm	0.1mm		℃	cm
SK90#	SBS（2.5%）	77	51	25	1.47	51.5	23.4
	SBS（3.0%）	76	49	23	1.03	54.7	27.0
	SBS（3.5%）	74	46	22	0.97	58.3	32.5
宏润 90#	SBS（2.5%）	73	59	29	2.68	53.8	22.8
	SBS（3.0%）	72	45	27	2.30	55.2	25.5
	SBS（3.5%）	69	53	25	2.02	59.5	30.4

SBR 改性乳化沥青蒸发残留物的针入度、温度敏感性随 SBR 剂量的增加呈减少的趋势，而软化点、延度呈增大的趋势。在相同 SBR 剂量下，SBR（SK90#）改性乳化沥青蒸发残留物的针入度、软化点小于 SBR（宏润 90#），而延度大于 SBR（宏润 90#）。在相同掺量下，SBS 改性乳化沥青蒸发残留物的针入度、延度小于 SBR，而软化点大于 SBR。

（四）小结

本节主要对 SBS 和 SBR 改性乳化沥青的配伍性进行了研究，确定了乳化剂的种类及最佳用量、稳定剂的复配方案及最佳用量，此外，还对不同剂量下的 SBS 与 SBR 改性乳化沥青的技术指标与亚微观结构进行分析，得出以下结论：

（1）乳化剂与稳定剂的种类及最佳用量对改性乳化沥青的综合性能有显著性的影响。通过对不同乳化剂与稳定剂的乳化效果进行分析，乳化剂 E 的乳化效果明显优于乳化剂 A 与 B 以及乳化剂 C 与 D；有机稳定剂 A 与无机稳定剂 B 复配的稳定性优于稳定剂单独使用或者其他复配方案；乳化剂和稳定剂的用量同样对乳化效果有明显的影响，只有在最佳用量的情况下，才能生产出满足技术要求的改性乳化沥青。

（2）基质沥青的种类和改性剂剂量对改性乳化沥青技术指标以及其蒸发残留物技术指标有显著的影响。如 SBS 改性乳化沥青，SK90# 沥青中芳香分与饱和分含量高于宏润 90#，因此前者与 SBS 具有更好的相容性，其改性效果优于后者，使得前者的乳化效果及其蒸发残留物的技术指标优于后者，此外，随着改性剂剂量的增加，改性乳化沥青蒸发残留物的旋转黏稠度、软化点、延度呈增大的趋势，而针入度表现出减小的趋势。

（3）从改性乳化沥青亚微观结构分析可知，SBS 改性乳化沥青乳液比 SBR 分布得更均匀且颗粒粒径更小而均匀。改性乳化沥青微粒粒径的大小和均匀性对改性乳化沥青储存稳定性具有重要的影响，由斯托克斯公式可知，沥青微粒粒径越小，其粒径分布范围就越窄，其在重力下发生絮凝、聚结和沉降等不稳定现象的可能性就越小，沥青微粒均匀性程度越好，其储存稳定性也就越好。

四、SBS 与 SBR 改性乳化沥青黏结性能研究

试验所研究的改性乳化沥青主要用于黏层油。黏层油的作用是使加铺层与原有水泥混凝土路面黏结成一个整体，且使其在水平荷载与竖向荷载的反复作用下，保证层与层之间不滑移、不开裂，并能够抵抗路面内部产生的各种应

力，特别是路面内部产生的剪应力；使路面具备长期连续的工作状态或接近完全连续的工作状态，从而使路面整体在较长时间内保持足够的承载能力和良好的路面使用性能。普通的乳化沥青一般很难满足这种要求，通过分析研究改性乳化沥青作为黏结材料的黏结性，为推荐优良的黏层油提供技术支撑。

（一）黏层材料的性能要求

在车辆荷载、外界温度和水的作用下，黏层材料应该具备以下特性。

1. 具备足够的黏结能力

处于路面层与层之间的黏层，其作用是把相邻的面层牢固地黏结在一起，使其能够作为一个整体共同承载车辆荷载的反复作用。因此，为了保证层间具有良好的连续性，黏层材料除了要在水平方向上提供足够的抗剪切能力，在竖直方向上具备良好的抗拉拔能力，自身还要具备一定的黏性，而且还要与上下相连的面层具有良好的黏附性。

2. 具备足够的抗剪切能力

黏油层作为路面层与层之间的黏结层，必须能够抵抗车辆荷载产生的水平剪应力，以保证路面的整体性，避免出现面层的推移、拥包、波浪等病害，这是对黏层材料性能的首要要求。特别是在车辆启动频繁、需要反复紧急刹车的路段以及重交通路段和山区公路的长大纵坡路段，层间黏结层能够提供较大的抗剪能力，以保证道路的使用性能及使用寿命，显得尤为重要。

3. 具备一定的抗疲劳能力

路面在使用过程中，在车轮荷载的反复作用、外界温度交替变化以及天气的干湿变化等因素作用下，路面内部应力一直处于变化的状态，在这些应力反复作用下黏层材料的抗剪强度会逐渐衰减。在荷载作用超过一定次数后，层间黏结层产生的剪应力就会超过衰减后的容许抗剪强度，出现剪切疲劳破坏，所以，黏层材料必须具备一定的抗疲劳能力。

4. 能够具备一定的防水能力

水是造成沥青路面病害的重要原因之一，路面黏层同样存在水损害的现象。当路面存有积水，车辆在路面高速行驶时，轮胎与路面之间的积水在高速运转的车轮不断挤压作用下，会产生动水压力，然后沿裂缝进入黏结层，一方面水分会减弱黏层油黏结力和黏附性；另一方面，若黏层材料没有足够的防水能力，雨水将下渗入路面基层，被水浸泡后的基层材料容易产生卿浆、软化，导致路面承载能力下降，所以，黏层材料应具备一定的防水、防渗能力。

（二）黏结层性能试验方法

1. 试验方法

试验所研究的改性乳化沥青主要用于黏层油。目前，评价层间黏结性能的试验主要有层间直接剪切及层间拉拔试验。本试验也采用层间直接剪切及层间拉拔试验来评价 SBS 与 SBR 改性乳化沥青的层间黏结性能，并在此基础上，通过浸水性试验来评价 SBS 与 SBR 改性乳化沥青的耐水性。

黏层油是铺设在水泥混凝土面板与沥青混凝土之间的一个薄层，为了模拟实际工程中黏层结构的工作状态，试验采用"水泥混凝土板+黏层油+沥青混凝土"的结构模型，通过取芯样，制备试验所需要的复合试件。

2. 试件制备方法

（1）预制水泥混凝土板。在 30 cm×30 cm×5 cm 的车辙模具中成型 C40 水泥混凝土板，具体方法参照《公路水泥混凝土路面施工技术规范》（JTG F30—2003）。水泥混凝土装模振捣密实后，一组将其表面抹平，保证水泥混凝土板表面光滑，模拟实际工程中水泥路面表面被磨光的状况；另一组 30 min 后被拉毛，模拟新建路面层间处理良好的情况，之后，将水泥混凝土试件置于标准养护室养护 28d，备用。

（2）对水泥混凝土板表面进行处理。水泥混凝土板在成形时，振捣作用会引起水泥混凝土离析，使粗骨料下沉，水泥砂浆上浮于表面形成一层浮浆。浮浆层的存在，一方面会影响水泥混凝土面板与黏层油的黏结效果；另一方面层间直接剪切或拉拔试验时容易从浮浆处断开，影响试验结果的准确性。因此，在涂黏层油之前需要用角磨机对不同界面的水泥混凝土板表面的浮浆进行同等程度的打磨，并清扫浮灰。

（3）黏层油撒布。将预处理好的水泥混凝土板装入 10 cm 厚的车辙试模中，量取所需要的改性乳化沥青由中间向四周均匀撒布，以防止黏层油向四周流失。将撒布好黏层油的水泥混凝土板置于室温下 24 h，使改性乳化沥青完全破乳，且水分蒸发充分，形成沥青膜。

（4）加铺沥青混合料。试验选用 AC-13 沥青混合料矿料级配，见表 2-33，沥青采用 SBS 改性沥青，油石比为 4.6%。将沥青混合料摊铺于已撒布黏层油的水泥混凝土板上，然后将整个试件放在轮碾成形仪上成型，往复碾压 14 次，成形好的试件置于室温下 1d 后拆模。

表 2-33　AC-13 通过百分率

通过率(%)	筛孔尺寸/mm									
	1600	13.200	9.500	4.750	2.360	1.180	0.600	0.300	0.150	0.075
所选级配	100	96	76	45	33	20	16	11	9	5
级配上限	100	100	84	52	34	24	20	14	12	7
级配下限	100	90	74	42	26	16	12	8	6	5

（5）取芯。试验采用上海呈祥机电设备有限公司生产的 MOD-NCX-205HE 型钻芯机，对复合板进行取芯。由于取芯过程中需要用大量的水来冷却钻头，因此，取得的芯样带有水，需要将芯样风干之后待用。取过芯的复合板如图 2-7 所示，芯样如图 2-8 所示。

图 2-7　取过芯的复合板

图 2-8　芯样试件

3. 试验设备及主要试验步骤

（1）试验设备。

1）层间剪切设备。试验选用长安大学新型路面研究所自行研发的直剪仪来进行试验，其特点如下：①竖向荷载的加载装置采用杠杆原理，可以控制荷载大小，且稳定精确，操作简单；②在直剪仪工作装置外设有温控箱，可以通过操作台控制箱内温度，真实模拟常温、高温及温控箱可控范围内任意温度下路面层间的抗剪强度；③直剪仪的试件夹环半径可以调节，能满足不同半径的多种试件进行试验，设备的适用性及可操作性得到很大提升；④操作台自动记录试验数据，并且可以调节试验温度和剪切速率等，得出的数据精确可靠，同时还节省人力；⑤仪器不使用时可以拆开保存，容易保养维修，且质量轻，体积小，运输方便。

直剪仪的技术指标如下：

①最大剪切力为 50kN±10N；②最大位移 30mm；③剪切速率为 0～50mm·min^{-1}；④数据采集率为 0.1mm·次$^{-1}$；⑤控温范围，室温为（-80±1）℃；⑥竖向荷载为 0～5T；杠杆比例为 1：50。

2）层间拉拔设备。采用长安大学公路学院自行研发的 LGZ-1 型结构层材料强度拉拔仪进行试验。

LGZ-1 型结构层材料强度拉拔仪：该仪器由底座、拉拔盘、拉杆、马达、力传感器、连接母、提手、螺杆、蜗轮和蜗杆等组成，可以设置拉拔速率，现场采集数据，用于路面、建筑防水黏结层的拉拔试验。

（2）主要试验步骤。

1）使用直剪仪进行层间直接剪切试验的步骤如下：①按照试验条件设置好直剪仪参数，将砝码放置在加力杠杆的一端，并用杠杆水平调平器将杠杆调平固定；②将已经置于试验温度并恒温 1 h 的试件用夹环固定好，然后将压头放置在试件上端，压力杆调至预压状态，旋开杠杆水平调平器对试件开始施加竖向荷载；③关闭温控箱门，以防试验过程中温度发生变化；④开启直剪仪，观察试件破坏状况及控制箱显示屏上力值和位移的变化情况，剪切试验结束时记录最大剪切力值和相应位移值；⑤将仪器复位，并取出试件，进行下一次试验；⑥对试验结果进行处理。通过下列计算层间抗剪强度：

$$\tau = \frac{F}{S}$$

式中，τ——层间抗剪强度（MPa）；

F——直剪仪测定的最大剪切力值（kN）；

S——层间剪切面积（m^2）。

2）LGZ-1 型结构层材料强度拉拔仪的使用方法如下：①将试件水泥混凝土一端黏于拉伸铁板上，沥青混合料一端与拉拔头黏结牢固，在黏试件之前要确保拉伸铁板、拉拔头及试件表面洁净，以避免其表面的灰尘、杂质等对黏结性的影响；②将黏好的试件置于室温下 24 h 以上，可以进行试验；③用于拉拔试验的试件，首先，设置好各类试验参数，将在所需试验温度已经恒温 1 h 的试件固定在拉拔试验仪上，开始进行拉拔试验，试验时应该注意不能使试件偏心受力，以免对试验结果造成影响；④对试验结果进行处理，层间黏结力计算公式为

$$C = \frac{F}{S}$$

式中，C——层间黏结强度（MPa）；

　　　F——最大拉力值（kN）；

　　　S——层间拉拔面积（m²）。

（三）SBS 与 SBR 改性乳化沥青黏结性能试验研究

1. 层间抗剪强度的构成

路面层间抗剪强度不足时会引起层间滑移现象的产生，实际上影响路面层间抗剪强度的因素很多。由于路面结构层类似于"三明治"，包括上下面层混合料结构及黏层材料本身的结构，是相互关联结构与材料单一结构的总和。每一结构中的材料性质，都会对路面结构层产生很大的影响。

现在一般倾向于采用摩尔－库仑理论来分析路面层间抗剪强度和稳定性。摩尔－库仑理论认为材料的剪切强度特性符合下列公式，也就是说路面结构层间的抗剪强度主要由两部分构成：一是摩擦力，主要来源于上下面层矿料颗粒之间的摩擦与嵌挤作用；另一部分是黏结力，同方向应力无关，主要源自黏层材料本身的黏结力以及沥青与矿料之间的黏结力，有

$$\tau = C + \sigma \tan \varphi$$

式中，τ——路面结构层间抗剪强度（MPa）；

　　　C——材料的黏聚力（MPa）；

　　　σ——荷载产生的应力（MPa）；

　　　φ——黏层结构的内摩擦角（rad）。

黏层材料的黏结力和内摩擦角可以通过直接剪切试验确定。在规定的试验条件下，实加不同的正应力，可以求得一组摩尔应力圆，应力圆的公切线是摩尔－库仑应力包络线，即抗剪强度曲线，该线与纵轴的截距就是黏层材料的内聚力 C，与横轴的交角即内摩阻角 φ。

2. 最佳黏层油用量的确定

黏层油用量过多或过少都会对层间抗剪强度有十分显著的影响。用量过少，黏结力不足；用量过多，不仅无法起到良好的黏结作用，富余的黏层油反而会形成润滑层，导致层间滑移等病害的产生。因此，首先应确定改性乳化沥青用作黏层油的最佳用量。

在 25℃和 60℃下，竖向荷载为 0.2 MPa，剪切速率为 20 mm·min⁻¹ 的试验条件下分别测定水泥混凝土板界面光滑和粗糙时 SBS（SK90#）改性乳化沥青与 SBR（SK90#）改性乳化沥青不同黏层油用量时的层间抗剪强度，从而确

定最佳黏层油用量。

（1）层间界面光滑时最佳黏层油用量的确定。层间界面光滑时不同黏层油用量下 SBS（SK90#）改性乳化沥青与 SBR（SK90#）改性乳化沥青层间抗剪强度试验结果见表 2-34。

表 2-34　层间界面光滑时 SBS 与 SBR 改性乳化沥青不同用量下层间抗剪强度

黏层用油量 / (L·m^{-2})			0.4	0.6	0.8	1.0	1.2
层间抗剪强度	SBS（SK90#）改性乳化沥青	25℃	1.145	1.506	1.584	1.488	1.263
		60℃	0.508	0.774	0.890	0.736	0.498
MPa	SBR（SK90#）改性乳化沥青	25℃	1.075	1.215	1.362	1.208	1.095
		60℃	0.511	0.642	0.746	0.621	0.486

（2）层间界面粗糙时最佳黏层油用量的确定。层间界面粗糙时不同黏层油用量下 SBS（SK90#）改性乳化沥青与 SBR（SK90#）改性乳化沥青层间抗剪强度试验结果见表 2-35。

表 2-35　层间界面粗糙时 SBS 与 SBR 改性乳化沥青不同用量下层间抗剪强度

黏层用油量 / (L·m^{-2})			0.4	0.6	0.8	1.0	1.2
层间抗剪强度	SBS（SK90#）改性乳化沥青	25℃	1.580	1.793	1.954	2.021	1.869
		60℃	0.492	0.752	0.987	1.198	0.975
MPa	SBR（SK90#）改性乳化沥青	25℃	1.306	1.482	1.606	1.739	1.576
		60℃	0.487	0.623	0.795	0.959	0.767

在层间界面光滑或粗糙时，SBS（SK90#）改性乳化沥青与 SBR（SK90#）改性乳化沥青都存在最佳黏层油用量的问题。在 25℃、60℃条件下，层间抗剪强度随着黏层油用量的增大，先增大后减小。拐点处的抗剪强度所对应的黏层油用量，即为 SBS（SK90#）改性乳化沥青与 SBR（SK90#）改性乳化沥青在层间界面光滑或粗糙时的最佳黏层油用量。当黏层油用量过少时，层间未充分地被黏层油覆盖，破乳之后所形成的沥青膜不连续，导致层间黏结力不足；当黏层油用量过多时，不仅无法起到良好的黏结作用，富余的黏层油反而会形成润滑层，导致层间滑移等病害的产生，这种情况在高温下尤为明显。同时，在相同试验条件下，层间界面粗糙时的抗剪强度明显大于层间界面光滑时的抗

剪强度，这是界面粗糙时层间摩阻、嵌挤作用大于界面光滑时的缘故。

SBS（SK90#）改性乳化沥青与 SBR（SK90#）改性乳化沥青在 25℃、60℃试验条件下，当层间界面光滑时，最佳黏层油用量都为 0.8 L·m⁻²；层间界面粗糙时，最佳黏层油用量都为 1.0 L·m⁻²。

3. 黏层间黏结性能试验分析

层间黏结性主要考虑层间抗剪强度和层间抗拉拔强度两方面，层间抗剪强度试验条件为：竖向荷载为 0.2 MPa，剪切速率为 20 mm·min⁻¹，试验温度 25℃、60℃；层间抗拉强度试验条件为：拉拔速率为 5 mm·min⁻¹，试验温度 25℃、60℃。四种黏层材料在不同试验条件下层间抗剪强度和抗拉强度试验结果见表 2-36 及表 2-37。

表 2-36　四种黏层材料在不同试验条件下的层间抗剪强度

层间抗剪强度 /MPa		黏油层种类			
		SBS（宏润 90#）改性乳化沥青	SBS（SK90#）改性乳化沥青	SBR（宏润 90#）改性乳化沥青	SBR（SK90#）改性乳化沥青
25℃	光面	1.523	1.584	1.345	1.362
	毛面	1.998	2.021	1.676	1.739
60℃	光面	0.856	0.890	0.698	0.746
	毛面	1.143	1.198	0.938	0.959

表 2-37　四种黏层材料在不同的试验条件下的层间抗拉强度

层间抗拉强度 /MPa		黏油层种类			
		SBS（宏润 90#）改性乳化沥青	SBS（SK90#）改性乳化沥青	SBR（宏润 90#）改性乳化沥青	SBR（SK90#）改性乳化沥青
25℃	光面	0.662	0.740	0.456	0.473
	毛面	0.872	0.952	0.483	0.494
60℃	光面	0.048	0.053	0.041	0.049
	毛面	0.066	0.083	0.057	0.059

（1）水泥混凝土板界面条件对层间黏结性能的影响分析。

1）界面条件对层间抗剪强度的影响。在相同的试验条件下，无论 25℃还是 60℃，四种黏层油层间抗剪强度为层间界面粗糙时的层间抗剪强度均大于层间界面光滑时的抗剪强度。

2）界面条件对层间抗拉强度的影响。不同界面条件下，四种黏层材料的层间抗拉强度表现出与层间抗剪强度相同的规律性，即层间界面粗糙时的层间抗拉强度大于层间界面光滑时的层间抗拉强度。以 25℃时 SBS（SK90#）改性乳化沥青为例，界面光滑时其层间抗拉强度为 0.740 MPa，而界面粗糙时的层间抗拉强度为 0.952 MPa。

总之，层间界面条件对黏层油黏结性能有十分显著的影响，层间界面粗糙时的黏结强度较之层间界面光滑时有很大的提高。分析其原因主要在于：一方面，由于当层间界面粗糙时，常温下呈流动状态的黏层油可以置换出界面表面缺陷中的空气，并沿弯曲的路径与水泥混凝土板、沥青混凝土紧密接触。因此，黏层油能充满水泥混凝土板与沥青混凝土表面的孔隙。当试件受到剪应力或拉拔力时，层间的移动会部分受到阻碍，表现出"锁－匙"效应。另一方面，粗糙的层间界面，增加了黏层油与界面的物理接触面积，随之黏层油与层间的相互作用也增强。在剪应力或拉拔力作用下，层间的物理摩阻力较大，对层间黏结强度的增大也有较大的贡献。

（2）基质沥青对层间黏结性能的影响分析。

1）基质沥青对层间抗剪强度的影响。在相同的层间界面和试验条件下，无论 SBS 改性乳化沥青还是 SBR 改性乳化沥青，以 SK90# 为基质沥青制备的改性乳化沥青层间抗剪强度稍大于以宏润 90# 为基质沥青制备的改性乳化沥青。

2）基质沥青对层间抗拉强度的影响。在其他试验条件相同的情况下，不同基质沥青制备的改性乳化沥青其层间抗拉强度表现出与层间抗剪强度相同的规律性，即以 SK90# 作为基质沥青的改性乳化沥青其层间抗拉强度稍大于以宏润 90# 为基质沥青的改性乳化沥青。

由于黏层油的黏结性能是黏层油与界面黏附作用的体现，沥青化学成分与其黏附性能有着直接的关联，因此基于沥青四组分组成，从黏层界面吸附作用的角度对这一结果进行分析。

通过研究可知，沥青四组分中，芳香分、饱和分为低分子化合物，属于非极性物质，主要以范德华力与界面发生吸附，所以与界面的黏附力较弱，很容易脱落；胶质与沥青质均为带有极性或表面活性的物质，沥青中具有化学活性组分的沥青酸、沥青酸酐等极性组分基本都集中在胶质和沥青质中，它们与界面之间的吸附为极性吸附或者化学吸附，一旦发生则不容易脱离，相关学者借助灰度关联法分析沥青组分与黏附性的关系，得到相同的结论。

试验所选用两种基质沥青 SK90# 与宏润 90# 的四组分组成见表 2-38。

表 2-38　基质沥青四组分组成

基质沥青类别四组分名称	饱和分 S/（%）	芳香分 Ar/（%）	胶质 R/（%）	沥青质 As/（%）
SK90#	21.42	46.84	22.28	6.70
宏润 90#	17.60	39.10	28.60	14.70

由表 2-38 可知，一方面 SK90# 沥青中（S+Ar）% 大于宏润 90# 沥青中（S+Ar）%，表明 SK90# 沥青较之宏润 90# 沥青与 SBS 或 SBR 具有更好的相容性，即 SK90# 沥青的改性效果优于宏润 90# 沥青，因此，所生产出的改性乳化沥青与界面的黏附性更好。但是，宏润 90# 沥青中（R+As）% 大于 SK90# 沥青中（R+As）%，由上述理论可知，以宏润 90# 沥青作为基质沥青的改性乳化沥青与界面的黏附力较之以 SK90# 沥青为基质沥青的改性乳化沥青大。二者交互作用，相互影响，使得以 SK90# 沥青作为基质沥青的改性乳化沥青其层间抗剪强度及抗拉强度大于以宏润 90# 沥青作为基质沥青的改性乳化沥青。

（3）改性剂对层间黏结性能的影响分析。

1）改性剂对层间抗剪强度的影响。在相同的试验温度和界面条件下，无论是宏润 90# 沥青还是 SK90# 沥青，SBS 改性乳化沥青层间抗剪强度均大于 SBR 改性乳化沥青。

2）改性剂对层间抗拉强度的影响。在相同的试验温度与界面条件下，无论是宏润 90# 沥青还是 SK90# 沥青，SBS 改性乳化沥青层间抗拉强度均大于 SBR 改性乳化沥青，而且较之层间抗剪强度，层间抗拉强度提升幅度也明显增大。以 25℃试验温度、界面光滑时为例，SBS（SK90#）改性乳化沥青作为黏层油的层间抗拉强度为 0.740 MPa、层间抗剪强度为 1.584 MPa，而 SBR（SK90#）改性乳化沥青作为黏层油的层间抗拉强度是 0.473 MPa，层间抗剪强度为 1.362 MPa，前者的层间抗拉强度比后者提高了 64%、层间抗剪强度较之后者也提高了 16%。

总之，SBS 改性乳化沥青较之 SBR 改性乳化沥青具有更好的层间黏结性能。考虑到改性乳化沥青真正起作用的是其破乳之后所还原成的沥青材料，因此分析 SBS 改性乳化沥青黏结性能优于 SBR 改性乳化沥青的原因，主要从二者破乳之后形成的 SBS 改性沥青与 SBR 改性沥青出发，即从 SBS 改性剂和 SBR 改性剂与基质沥青相容性和改性效果出发。

结合试验，影响改性剂与基质沥青相容性的原因主要在于两方面：主要原材料技术性质以及改性工艺方法。

考虑到改性沥青主要原材料中基质沥青均相同，影响二者相容性的原因可以从改性剂角度进行分析。SBS 与 SBR 虽然同属于大分子聚合物，加入基质沥青中可以形成相容体系，但是当 SBS 加入基质沥青中可以起到以下作用：① SBS 分子在高温下分子链段舒展开来，自由体积增大，沥青中轻质组分进入到改性剂网络后使得改性剂分子链间距进一步增大，一方面轻质组分起到增塑作用，改变了改性剂的力学性质；另一方面改性剂吸附基质沥青中的轻质组分发生溶胀，在两相界面上分子链段的舒展程度进一步增大；②在相容体系中 SBS 改性剂发生吸附和溶胀作用使沥青的组分构成发生一定变化，大分子组分相对增加。根据相似相容原理，这两方面作用引导 SBS 改性剂分子吸附轻质组分后在其界面上形成一定厚度的表面吸附膜，使得 SBS 改性剂与基质沥青的界面性质逐渐过渡，构成良好的过渡结合，形成连续的网络空间结构，即提高了 SBS 改性剂与基质沥青的相容性，改善了 SBS 改性剂对基质沥青的改性效果。而 SBR 改性剂并不能与基质沥青发生类似于 SBS 改性剂那样的吸附、溶胀作用，以达到改变基质沥青组分构成的作用，也就是不能提高二者的相容性，改善 SBR 改性剂的改性效果。另外 SBR 也不能像 SBS 那样与基质沥青形成连续的网络空间结构，SBR 分子与沥青微粒只是简单的吸附作用。

改性工艺方法是影响改性沥青改性效果另一个重要的因素。从试验方案选择出发，可以从两方面进行分析：①制备 SBS 改性乳化沥青使用高速剪切机，SBR 胶乳是在胶体磨中完成对乳化沥青的改性，由于设备方面的原因造成 SBS 改性乳化沥青比 SBR 改性乳化沥青具有更高的均匀性和更小的颗粒性。② SBS 改性沥青需要 170 ~ 180℃高温条件才能制备，但是 SBR 改性作用实现于热沥青与皂液混合时，混合后的乳液温度在 90℃左右。温度升高，可以加速改性剂分子与沥青微粒之间的相互作用，改善其改性效果。总之，在试验中，由于 SBS 改性剂在加工工艺上的优势，SBS 改性沥青具有比 SBR 改性沥青更好的效果。

由以上两方面的分析可知，一方面从改性机理出发，由于原材料选择上的优势使 SBS 改性沥青较之 SBR 改性沥青具有更高的感温性和高温性能；另一方面加工工艺上的优势同样使 SBS 改性沥青比 SBR 改性沥青具有更好的改性效果。因此，在相同的试验条件下，SBS 改性乳化沥青层间黏结性能要优于 SBR 改性乳化沥青。

（4）温度对层间黏结性能的影响分析。

1）温度对层间抗剪强度的影响。在相同的试验条件下，四种黏层材料无论是在界面条件光滑还是界面条件粗糙时，25℃时层间抗剪强度均大于 60℃

时层间抗剪强度。

2）温度对层间抗拉强度的影响。在相同的试验条件下，四种黏层材料在 25℃时的层间抗拉强度均大于 60℃时层间抗拉强度，并且在不同试验温度下，层间抗拉强度衰减的幅度要远远大于层间抗剪强度。以 SBS（宏润 90# 沥青）改性乳化沥青为例，在层间界面光滑时，其 25℃时层间抗拉强度为 0.662 MPa，层间抗剪强度为 1.523 MPa，当试验温度升至 60℃时层间抗拉强度为 0.048 MPa、层间抗剪强度为 0.856 MPa，层间抗拉强度衰减了 93%，层间抗剪强度衰减了 44%。这表明，温度对黏层油黏结性能有极大的影响，并且对层间抗拉强度的影响明显大于层间抗剪强度。其原因在于，改性乳化沥青破乳之后所还原成的改性沥青材料是典型的黏弹性体，当温度升至 60℃时，其流动性增大，黏度变小，内聚力减小，所以高温条件下其黏结性能也相应减弱。

此外，温度对层间抗拉强度的影响大于对层间抗剪强度影响的原因在于：一方面结构层直剪试验是在竖向加载的条件下完成，而结构层拉拔试验则是在层间自然状态下进行的，荷载的施加减弱了温度对强度衰减的影响；另一方面，沥青分子产生横向剪切位移的难度远远大于产生竖向拉拔位移，因此沥青结合料在抗剪强度大于抗拉强度的同时，其抗剪强度抵抗不利因素的能力也优于抗拉强度，所以在温度作用下，抗剪强度的衰减也远小于抗拉强度的衰减。

4. 层间耐水性试验分析

沥青路面长期暴露在自然环境中，难免遭受到雨水的浸泡作用，尤其在梅雨季节，尽管雨量不大，但持续时间很长，可能达数月之久。且由于车辆轮胎动态荷载作用，轮胎前面的水受轮胎挤压挤入路表面的空隙中，造成水压力，轮胎通过后在轮胎的后方形成负压，将空隙中的水吸出，这种挤进和吸出的反复循环作用，使水分逐渐挤进沥青与集料里，进而下渗到路面层间界面上，层间黏结力可能会因水的浸泡作用降低并逐渐丧失原有的黏结性能。因此，研究水对层间黏结性的影响是至关重要的。

（1）层间浸水剪切试验。

将已经成形好的试件分为三组进行对比试验：第一组在 25℃的水中浸泡 48 h；第二组在 60℃的水中浸泡 48 h；第三组直接放置于空气中。在竖向荷载为 0.2 MPa，剪切速率为 20 mm·min^{-1} 的试验条件下，四种改性乳化沥青作为黏层油在不同界面的层间抗剪强度见表 2-39 和表 2-40。

表 2-39　层间界面光滑时浸水后四种黏层材料层间抗剪强度

试验条件种类			SBS（宏润90#）改性乳化沥青	SBS（SK90#）改性乳化沥青	SBR（宏润90#）改性乳化沥青	SBR（SK90#）改性乳化沥青
层间界面光滑时层间抗剪强度 /MPa	25℃	未浸水	1.523	1.584	1.345	1.362
		浸水 2 d	1.387	1.459	1.173	1.206
		浸水后残留抗剪强度比	91.1%	92.1%	87.2%	88.5%
	60℃	未浸水	0.917	0.947	0.797	0.838
		浸水 2 d	0.856	0.890	0.698	0.746
		浸水后残留抗剪强度比	93.3%	94.0%	87.6%	89.0%

表 2-40　层间界面粗糙时浸水后四种黏层材料层间抗剪强度

试验条件种类			SBS（宏润90#）改性乳化沥青	SBS（SK90#）改性乳化沥青	SBR（宏润90#）改性乳化沥青	SBR（SK90#）改性乳化沥青
层间界面粗糙时层间抗剪强度 /MPa	25℃	未浸水	1.998	2.021	1.676	1.739
		浸水 2 d	1.854	1.887	1.473	1.568
		浸水后残留抗剪强度比	92.8%	93.4%	87.9%	90.2%
	60℃	未浸水	1.220	1.264	1.041	1.048
		浸水 2 d	1.143	1.198	0.938	0.959
		浸水后残留抗剪强度比	93.7%	94.8%	90.1%	91.5%

　　由表 2-39 和表 2-40 可知，在相同的试验条件下，四种黏层材料浸水后的层间抗剪强度都有所降低，且 SBS 改性乳化沥青较之 SBR 改性乳化沥青具有更好的抗水损害能力，即 SBR 改性乳化沥青作为黏层油层间抗剪强度衰减的程度比 SBS 改性乳化沥青大。

　　（2）层间浸水拉拔试验。将已经成型好的试件分为两组进行对比试验，一组在 25℃ 的水中浸泡 48 h；另一组直接放置于空气中。在拉拔速率为 5 mm·min⁻¹ 的试验条件下，四种改性乳化沥青作为黏层油在不同界面的层间抗拉强度见表 2-41。

表 2-41　浸水后四种黏层材料层间抗拉拔强度

试验条件种类		SBS（宏润90#）改性乳化沥青	SBS（SK90#）改性乳化沥青	SBR（宏润90#）改性乳化沥青	SBR（SK90#）改性乳化沥青
光面层间抗拉强度/MPa	未浸水	0.662	0.740	0.456	0.473
	浸水 2 d	0.597	0.675	0.395	0.415
	浸水后残留抗拉强度比	90.2%	91.2%	86.6%	87.7%
毛面层间抗拉强度/MPa	未浸水	0.872	0.952	0.483	0.494
	浸水 2 d	0.801	0.881	0.419	0.441
	浸水后残留抗拉强度比	91.9%	92.5%	86.8%	89.3%

由表 2-41 可知，在相同的试验条件下，浸水后四种黏层材料试件的层间抗拉强度都有所降低，且 SBS 改性乳化沥青与 SBR 改性乳化沥青表现出与层间抗剪强度相同的规律性，即 SBR 改性乳化沥青作为黏层油的层间抗拉强度衰减的程度比 SBS 改性乳化沥青大。

总之，水分侵入层间会对黏层油黏结性能产生不利的影响，造成 SBS 改性乳化沥青与 SBR 改性乳化沥青层间黏结性能不同程度的衰减，但是 SBS 改性乳化沥青表现出比 SBR 改性乳化沥青更加优越的水稳定性。水分侵入会对改性乳化沥青黏结性能造成不利影响的原因在于，水的极性很强，水分子 H_2O 的氢离子端带正电荷，氧离子端带负电荷，吸附在界面表面的沥青能部分被水置换掉。一般的集料表面或多或少都具有亲水憎油的性能，酸性石料比碱性石料更甚，如果石料遇到水，水将能够穿透沥青膜到达集料的表面将集料与沥青分开。因此，浸水后四种黏层材料的层间抗剪强度都有所降低。SBS 改性乳化沥青抗水损害能力优于 SBR 改性乳化沥青的原因在于，SBS 改性沥青在改性过程中，SBS 吸收沥青中轻质组分发生溶胀，使得沥青组分改变，从而改变了沥青的胶体结构。此外，SBS 由于溶胀作用，形成了连续的空间网络结构，使得沥青分子间相互作用增强，内聚力得到提高。而 SBR 胶乳在基质沥青中无法实现空间网络结构的搭建，沥青微粒与 SBR 微粒间的作用仅仅是简单的吸附作用。因此，水对 SBR 改性乳化沥青黏结性能的不利影响要大于 SBS 改性乳化沥青，造成前者衰减幅度更大。

此外，由表 2-39 ~ 表 2-41 可知，四种黏层材料无论是层间抗剪强度还是层间抗拉拔强度，以 SK90# 沥青为基质沥青的改性乳化沥青黏结强度衰减幅度均低于以宏润 90# 沥青为基质沥青的改性乳化沥青，这表明原材料的选择对黏层油耐水性有着重要的影响，因此实际工程中必须重视原材料的筛选，选取合适的沥青材料。

第三章　基于冷再生的乳化沥青改性探究

国外对沥青路面再生利用研究，最早从 1915 年在美国开始的，但由于以后大规模的公路建设而忽视了对该技术的研究。1973 年，石油危机爆发后美国对这项技术才引起重视，并在全国范围内进行广泛研究，到 20 世纪 80 年代末美国再生沥青混合料的用量几乎为全部路用沥青混合料的一半，并且在再生剂开发、再生混合料的设计、施工设备等方面的研究也日趋深入。沥青路面的再生利用在美国已是常规技术应用于生产，目前其重复利用率高达 80%。

日本由于其能源匮乏，一直很重视路面再生技术的研究，从 1976 年到现在路面废料再生利用率已超过 70%。日本道路协会还颁布了《再生沥青铺装技术指南》等技术标准。

西欧国家也十分重视这项技术。联邦德国是最早将再生料应用于高速公路路面养护的国家，1978 年就将全部废弃沥青路面材料加以回收利用。芬兰几乎所有的城镇都组织旧路面材料的收集和储存工作，用于各类道路路面工程。法国现在也已开始在高速公路和一些重交通道路的路面修复工程中推广应用这项技术。

1983 年，我国住房和城乡下达了"废旧沥青混合料再生利用"的研究项目，并于同年成立了以上海市市政工程研究院和南京市市政公司为主，并有武汉、天津、苏州和哈尔滨等市的市政工程研究院及建设单位参与课题公关组。在南京、武汉、天津和苏州 4 座城市铺筑了有一定规模的试验路。经路用性能观测证明，再生沥青路面的质量不低于常规热拌沥青混凝土路面。

随着我国公路建设的发展，对于公路和城市道路损害翻新和修补所残留的沥青混合料的处理问题越发重要。将其全部遗弃，不仅浪费，对环境还有很大的危害。旧沥青混合料的本身还有重新利用的价值。冷再生是指把原路面的旧面层翻松、破碎过筛后，掺入一定数量的再生剂，按实际情况和要求，也可加入一定规格、数量的新矿料，按一定配合比拌和，将其摊铺在具有足够强度和平整度的基层上碾压，使其恢复到黑色路面性能的路面施工工艺。冷再生无论从环保方面，还是从社会经济效益方面来讲，都具有热拌沥青无法比拟的优点。它不仅可以节约能源和资源，对于施工来说又可以延长施工季节，几乎可以不受阴湿或低温季节影响；并且对于施工人员来说，改善了施工条件，无须高温加热沥青，减少了环境污染。

我国在"八五"攻关中，对再生剂应用于道路工程也进行了专题研究。各地的研究人员做了大量的工作，提出了不同的理论。虽然修筑了部分试验路，绝大多数都是按经验设计与施工，对于如何进行旧沥青混合料冷拌再生的设计，并没有提出确切的方案。

近十年来，我国公路建设迅速发展，到2006年底，高等级公路通车里程已突破36万千米，其中高速公路通车里程近4.54万千米，沥青混凝土路面里程占75%以上。虽然高等级公路沥青混凝土路面的设计寿命为15年，但从实际情形看，由于通行质量的原因或通行能力的需求，大部分沥青混凝土路面在运营后，短的2～3年，长的8～10年就进入大面积维修或拓宽改造期。因此，我国即将进入一个高等级公路大规模维护和改造期，并将持续相当长的时间。

我国经济虽有了很大的发展，但实力仍不雄厚，公路建设投资有限，不能满足公路交通运输业迅速发展的需求。另外，高品质沥青供不应求，供应量不足需求量的23%。沥青混凝土路面大修、重建等常规改造维修方法，不仅耗用大量的砂石及沥青等限量资源，占用大量的公路工程建设资金，而且遗弃属于不可降解物质的旧沥青混凝土，既占用大量的场地，还会造成大面积的环境污染。

从某种角度讲，沥青属于高分子聚合物范畴，具有溶解、沉淀等热力学可逆过程的性质，这决定了旧沥青混合料是一种可以再生利用的材料资源。并且，由于我国沥青混凝土路面服务周期偏短，其中的沥青与砂石材料可利用价值更为巨大。沥青混凝土路面是由多种材料构成的复杂体。由于交通荷载及自然因素的综合作用，沥青路面经过一定年限的使用后，其面层慢慢变薄并逐渐老化，受交变应力、循环应力以及沥青老化和冰冻、高温的交替作用，会出现诸如网裂、沉陷、车辙、拥包等各种病害并逐步扩展，严重影响行车，维护处理的方法就是对出现病害的路面进行铣刨，然后重新铺筑。这种做法虽然能保证道路的使用性能，但同时会产生相当数量的沥青混合料废弃物。废旧沥青混合料不可用于其他工程，进而造成三大问题：一是堆放场地；二是污染环境；三是浪费了大量的不可再生资源。由于沥青混合料的不可降解性，利用深埋的办法处理只会严重污染浅层的地下水资源。如能对其回收再生利用，既可以保护环境又可以节约自然资源。因此，如何更加有效地利用这些废弃物即沥青混合料再生技术就成了当今世界的一大课题。

我国是从1998年开始引进就地冷再生技术进行道路养护工作的，现有德国 Wirtgen 公司生产的 WR2500 型路面再生机 12 台：邯郸地区引进了第一台 WR2500 型再生 / 稳定土拌和机，其他引进的地区和施工单位分别有天津市公路局、河北省廊坊市交通局、无锡市公路管理处、中国路桥公司、石家庄市交通局、上海大众试车厂。我国首次使用冷再生技术对河北省邯郸市邯大线进行大修工程，随后又在天津津围路、102 国道河北省廊坊段等多处进行冷再生施工，取得了良好的经济效益和社会效益。在 19 世纪 50—70 年代，我国的一些基层养路部门曾在不同程度上利用废旧沥青混合料铺筑路面，但均作为废物利用来考虑，所得的成品一般只用于轻交通道路、人行道或道路的垫层。山西、湖北、河北等省的公路养护部门，是国内较早回收利用旧沥青混合料的单位，他们在 20 世纪 70 年代初期就将开挖的废旧沥青混合料用于维修养护时铺作基层。

1982 年，交通部科技局正式将沥青路面再生利用作为重点科技项目下达，由同济大学负责该课题研究的协调工作，开展了比较系统的试验研究。取得了一定的成果。从 20 世纪 80 年代后期我国开始进行大规模的公路建设，对于沥青路面的再生技术不够重视，这方面的研究基本上是处于停滞状态。近些年来，随着我国国民经济的发展，交通量迅速增长，重型车辆日益增多，沥青路面的病害日趋严重，在资源缺乏的情况下，作为解决上述问题的最好办法，废旧沥青路面材料的再利用又活跃起来，并且得到国家政策的大力支持，已列入交通部西部交通科技项目，倍受科技工作者和养护部门的青睐。由于沥青路面冷再生技术能够节约大量的建设和养护资金，同时减少资源的浪费和环境的破坏，具有巨大的经济效益和社会效益。但是目前路面冷再生技术在我国还处于试验推广阶段。在强调可持续发展的今天，进一步加强沥青路面冷再生技术的研究，对我国公路的建设发展都具有特别重要的意义。

综上所述，乳化沥青冷再生技术的应用前景广泛，但由于乳化沥青冷再生早期易松散破坏，目前国内一般将冷再生混合料应用于公路基层，已经形成较成熟体系，对冷再生混合料应用于面层的研究才刚刚起步，基本停留在室内研究和试验段阶段，用作基层只是将废旧料当作"黑色石料"，并没有发挥废旧料的使用价值。鉴于此，将在参照国内最新的研究成果的基础上，提出将改性乳化沥青冷再生混合料用于路面下面层，其上再铺筑一层 6 cm 沥青中面层及一层 4 cm 上面层，将这一先进技术引入高等级沥青路面维修的养护，提高再生料的使用价值。通过系统研究其应用于高等级沥青面层的材料特性，优化再生混合料设计方法，改善冷再生混合料使用性能以达到改性沥青混合料施工技术规范要求，同时完善乳化沥青冷再生的施工工艺，从而推动该项技术在我国夏热冬寒半干旱地区高等级沥青路面面层的广泛应用。

第一节　乳化沥青厂拌冷再生所用原材料性能分析

一、RAP分析与评价及乳化沥青冷再生机理分析

（一）旧路路况调查与评价

1. 道路概况

云南昆玉高速公路属于国家高速公路（G8511）的联络线，起于昆明市官渡区鸣泉村互通式立交、终点位于玉溪高仓，路线全长约86.3 km。1997年11月正式开工建设，1999年4月建成通车，为全封闭、全立交、双向六车道高速公路，设计行车速度100 km·h^{-1}，计划对昆玉方向K54+300—K78+000段，长23.70 km、玉昆方向K54+000—K78+000段，长24.0 km内路面进行大修，其中，厂拌冷再生沥青混合料下面层（厚8 cm）323 750 m^2。

2. 现场调查与评价

（1）横向裂缝。整幅路段横向裂缝较为普及，以半刚性基层反射裂缝为主，同时由于雨水渗入及重车反复碾压横缝周边也陆续出现轻微的网裂、沉陷。

（2）网裂、沉陷。路段连续网裂沉陷较严重，通过取芯探坑检测原路面结构层较薄局部不足6 cm，网裂、沉陷处基层呈松散状态。

（3）车辙。整幅路段出现不同程度的车辙，基本集中在2～4 cm，主要以压密型车辙为主。

（4）蜕皮。原先该处由于泛油严重影响行车安全将面层铣刨1 cm左右，再经雨水的多次侵蚀及车轮反复碾压面层出现大面积蜕皮。

（二）RAP性能分析

乳化沥青厂拌冷再生是将回收沥青路面材料（RAP）运至拌和厂，经破碎、筛分，以一定的比例与新集料（本工程全部采用旧集料）、乳化沥青、活性填料（水泥、石灰等）、水进行常温拌和，常温铺筑形成路面结构层的沥青路面再生技术。乳化沥青冷再生混合料经摊铺、碾压、养生等工艺可形成符合设计要求的再生结构层，可以有效增强再生混合料的强度和水稳定性，改善其抗疲劳性能。

在正式施工前，采用铣刨机在原路面上按4 m·min^{-1}，5 m·min^{-1}，6 m·min^{-1}，7 m·min^{-1}，8 m·min^{-1}的速度进行铣刨，根据《公路工程集料试验

规程》（JTGE 42—2005）的要求，分别取样进行筛分，结果见表3-1。如图3-1所示，结果显示按 4 m·min⁻¹ 的速度进行铣刨的旧集料级配最佳。于是开工后就按 4 m·min⁻¹ 的速度进行铣刨，收取旧集料。

表 3-1　旧沥青混合料不同速度的筛分结果

级配类型		通过下列筛孔（方孔筛 /mm）的质量百分率 / （%）						
		26.5	19	9.5	4.75	2.36	0.3	0.075
抽检级配	1	100	89.2	70.6	40.6	30.2	15.2	7.2
	2	100	92.3	60.5	50.1	38.9	22.1	10.3
	3	100	90.1	62.2	48.6	40.2	17.6	8.3
	4	100	87.6	82.6	60.9	40.3	19.2	8.2
	5	100	88.2	72.6	48.2	32.0	11.6	9.6
本次取样		100	98.1	81.2	58.3	31.4	12.0	7.0

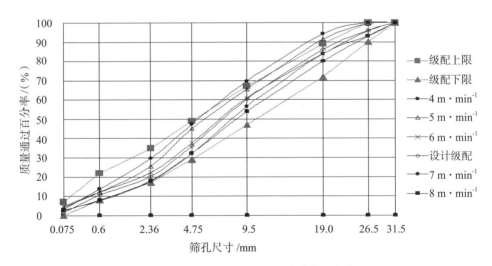

图 3-1　旧沥青混合料不同速度的筛分曲线

在拌和站堆料场内采用1台大型破碎筛分机对回收沥青路面材料（RAP）进行破碎筛分处理，不同 RAP 分别回收，分开堆放、不得混杂。RAP 在回收和存放时不得混入基层废料、水泥混凝土废料、杂物、土等杂质。

使用推土机，装载机等机具将一个料堆的 RAP 充分混合，然后用破碎机或其他方式进行破碎，应使 RAP 最大粒径小于再生沥青混合料的最大公称粒径，不应有超粒径材料，且不允许直接使用未经预处理的 RAP。

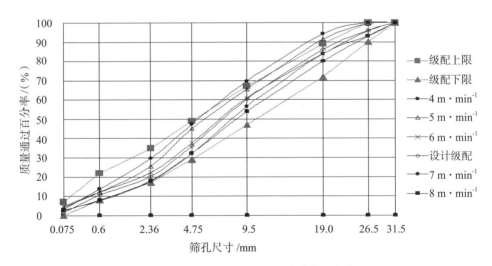 中图例：级配上限、级配下限、4 m·min⁻¹、5 m·min⁻¹、6 m·min⁻¹、设计级配、7 m·min⁻¹、8 m·min⁻¹；纵轴 质量通过百分率/（%）；横轴 筛孔尺寸/mm

根据再生混合料的最大公称粒径合理选择筛孔尺寸，将处理后的RAP筛分成不少于二档材料。通常是分为0～10 mm和10～32 mm二档。大于32mm的进行再次破碎筛分处理，经预处理的RAP用装载机等将其转运到堆料场均匀堆放，转运和堆放过程中应避免RAP的离析。

由于在RAP自重和高温的作用下，铣刨料可能重新黏结起来形成尺寸较大的颗粒，因此铣刨料料堆的高度不能太高，机械设备也不得在料堆上停留或行走。

对于较小粒径的铣刨料，为了减少铣刨料中的含水量对冷再生混合料质量的影响，粒径较小的铣刨料应采取覆盖的措施。铣刨料的含水量应控制在3.0%以下。

使用RAP时应从料堆的一端开始在全高范围内铲料。RAP在堆放一段时间后，料堆表面会形成20 cm左右的硬壳，取料时应先铲除料堆表层的硬壳。RAP应避免长时间堆放，料仓中的RAP应及时使用。

（a）旧路面铣刨　　　　　　　　（b）旧集料破碎、筛分

图 3-2　云南昆玉高速公路路面旧集料破碎、筛分、堆放

本次设计骨料全部采用云南昆玉高速公路旧路面回收料（RAP），不添加新料。RAP检测结果见表3-2。RAP分为两档料进行掺配，分别为0～10 mm和10～32 mm，各档RAP料筛分结果见表3-3。

表 3-2　RAP检测结果

项　目		单　位	检测值	规范要求（高速公路）	试验方法
RAP	含水率（60℃）	%	2.3	实测	T 0305—1994
	沥青含量	%	3.8	实测	T 0722—1993
	砂当量	%	86.4	高于50	T 0334—2005

项 目		单 位	检测值	规范要求 （高速公路）	试验方法
RAP 中的粗集料压碎值		%	22	实测	T 0316—2005
RAP 中的粗集料针片状		%	3.3	实测	T 0312—2005
RAP 中的 沥青	针入度（25℃）	0.1 mm	28.1	实测	T 0604—2011
	软化点	℃	63.0	实测	T 0606—2011
	15℃延度（5 cm/min）	mm	6.4	实测	T 0605—1993

表 3-3　RAP 矿料筛分结果

级配类型	通过下列筛孔（方孔筛 /mm）的质量百分率 /（%）						
	37.5	26.5	13.2	4.75	2.36	0.3	0.075
10 ~ 32 mm	100.0	91.7	0.0	0.0	0.0	0.0	0.0
0 ~ 10 mm	100.0	100.0	100.0	60.4	32.1	5.8	2.8

　　旧集料经过铣刨、破碎筛分后，转运至大棚内堆放储存备用，经过各道工序的严格控制，旧集料完全符合规范和设计要求，可以用作乳化沥青冷再生混合料的主要集料，旧集料中的含水率对乳化沥青冷再生混合料来说是一个重要的影响因素，含水率对破乳速度的影响，含水率低则破乳速度快容易引起卸车困难，压实困难；含水率高则早期强度形成较慢。

　　乳化沥青厂拌冷再生混合料是由乳化沥青、旧沥青混合料、水泥、外加水等原材料组成。对于厂拌乳化沥青冷再生混合料的施工影响因素而言，乳化沥青破乳速度、与粗集料的黏附性、与粗、细粒式集料拌和均匀性、旧沥青混合料的含水率、沥青含量及旧沥青的三大指标、水泥的初凝、终凝时间等都会直接影响乳化沥青冷再生混合料水稳定性、高温稳定性、劈裂强度等。因此，必须对原材料进行测定，从源头上以确保所采用的原材料是满足沥青混合料各种性能要求。

（三）乳化沥青性能分析

　　乳化沥青是由沥青、乳化剂、和水三部分组成的，其中乳化剂在乳化沥青中所占的比例虽小，但是却起主要作用。乳化剂是表面活性剂的一种类型，它具有表面活性剂的基本特性。表面活性剂在日常生活中常见的情况有：将油和水一起注入烧杯时，经过搅拌或振荡后稍静置一会，就会出现油水分层现象，上层为油下层为水，在油水两相分界线处形成一层明显的接触膜，即使再次搅拌，一旦静置还会分成两层。如果在油、水中加入少量的表面活性剂（或乳化剂）如合成洗涤剂或肥皂，再经搅拌混合，则油就变成微小的颗粒分散于水中，成为乳状液。这种乳状液静置后很难分层，此现象称为乳化。

上述现象是因为油和水的接触面上，有相互排斥和各自尽量缩小其接触面积的两种作用。因此，只有当油浮于水面分为两层时，它们的接触面积才最小、最稳定。如果加以搅拌油便变成微小颗粒（微粒）分散于水中，这样就增大了油和水的接触面积，是不稳定的。因此，一旦停止搅拌，它们又把接触面恢复到原来的最小情况，从而分成上下两层。

但是在油水溶液中，加入表面活性剂（或乳化剂）后，由于乳化剂的分子结构由具有溶于油的亲油基和易溶于水的亲水基所组成。亲油基与亲水基这两个基团，不仅具有防止油水两相相互排斥的功能，而且还具有把油水两相连接起来不使其分离的特殊功能。因此，当油水溶液中加入乳化剂后，由于乳化剂以其两个基团的定向排列于油水两相界面之间，把油和水连接起来，从而防止了它们的相互排斥作用。因此，即使再次搅拌，增大了油和水的接触面积，油仍可以以细小的微粒稳定地分散于水中，这就是由于乳化剂具有两个基团作用的效果。

那么油水两相之所以互不相溶而分成两层，是由于两种液体间存在不同的表面张力所引起的，但油水溶液中加入乳化剂或表面活性剂后，其在亲油基与亲水基作用下，它能够吸附于沥青和水的相互排斥的界面上，从而降低它们之间的界面张力，达到了乳化作用。

本书采用云南云岭高速公路养护绿化工程有限公司凤仪沥青路面材料厂生产的慢裂型乳化沥青，其技术性能指标经检验结果见表3-4，乳化剂采用阿克苏生产的 REDICOTE E-4875 型乳化剂。根据《公路沥青路面再生技术规范》(JTG F41—2008) 中对乳化沥青的要求和《公路工程沥青及沥青混合料试验规程》(JTG E20—2011) 中相关试验方法进行沥青材料的指标测定。

表 3-4　乳化沥青试验结果

试验项目	单位	检测值	质量要求	试验方法
破乳速度		慢裂	慢裂或中裂	T 0658
粒子电荷		阳粒子	阳离子（+）	T 0653
筛上残留物（1.18 mm 筛），不大于	%	0.04	0.1	T 0652

试验项目		单位	检测值	质量要求	试验方法
恩格拉黏度 E_{25}		/	5.8	2 ~ 30	T 0622
蒸发残留物	残留分含量，不小于	%	63.8	62	T 0651
	溶解度，不小于	%	98.4	97.5	T 0607
	针入度（25℃）	0.1 mm	71	50 ~ 300	T 0604
	延度（15℃），不小于	cm	58.1	40	T 0605
与粗集料的黏附性，裹覆面积不小于			高于 2/3	2/3	T 0654
与粗、细粒式集料拌和试验			矿料裹覆均匀，无沥青结块现象	均匀	T 0659
常温存储稳定性	1 d，不大于	%	0.2	1	T 0655

从表 3-4 测定结果看，该乳化沥青破乳速度、针入度、延度、与粗集料的黏附性、与粗细集料的拌和均匀性以及常温稳定性等各项指标均满足规范要求，对乳化沥青冷再生混合料的性能影响不大。

（四）水泥试验分析

乳化沥青厂拌冷再生混合料强度主要由水泥水化产物和乳化沥青破乳后的沥青黏结作用而形成的，其中涉及两个重要的过程：水泥的水化和乳化沥青的破乳。这两个阶段是一个相辅相成的过程，水泥水化需要水，乳化沥青破乳憎水，两个过程相互促进，相互制约，共同形成水泥 - 乳化沥青混合料的最终强度。水泥水化反应与乳化沥青破乳形成沥青膜，这种空间结构既保证了混合料具有足够的强度，又防止了高温情况下沥青软化时混合料过大的变形。掺加水泥的乳化沥青冷再生混合料的乳化沥青用量比普通乳化沥青混合料中的乳化沥青用量更少，但是混合料性能却有了极大的改善。

在乳化沥青冷再生混合料中，水泥是一个重要影响因素。水泥的添加，是改善乳化沥青冷再生混合料性能的重要因素。水泥不但能提高混合料的早期强度，缩短强度形成时间，还能够提高混合料的高温稳定性和抗车辙能力。水泥发生水化反应，产生水化热，可加速乳化沥青的破乳。

乳化沥青在常温下具有良好的流动性，拌和时能直接与湿润集料黏附，可以在常温条件下与集料拌制成乳化沥青混凝土，经过乳液与集料的黏附、分解破乳、水分蒸发之后才能完全恢复原有的黏结性能，在常温下进行摊铺压实。并在压实作用下，沥青与集料紧密黏结在一起形成强度。

本书的水泥采用云南峨山水泥厂生产的矿渣硅酸盐水泥 P.S.B32.5 水泥，初凝、终凝时间检测结果见表 3-5。

表 3-5　水泥试验结果

性能指标	单　位	设计要求值	检测值	试验方法
初凝时间	h	大于 3	4.2	T 0505—2005
终凝时间	h	大于 6	6.5	

（五）水的性能测定

制作乳化沥青用水，以及冷再生用水均应为可饮用水。使用非饮用水，经试验验证，不影响产品和工程质量时方可使用。本书采用的为地下水，经检测各项指标均符合设计和规范要求。

二、小结

通过对乳化沥青冷再生混合料所采用的各种原材料的试验研究，可以得出以下结论：

本书所采用的原材料，乳化沥青、水泥等各种材料均能满足《公路沥青路面施工技术规范》 (JTG F40—2004) 和《公路沥青路面再生技术规范》(JTG F41—2008) 技术要求，可用于乳化沥青冷再生混合料的拌制。

第二节　基于冷再生的改性乳化沥青配合比设计

一、目标配合比设计

冷再生混合料的设计，目前全球范围内还没有统一的得到普遍认可的设计方法。在美国一些州政府部门和组织机构已经开发了一些有代表性的混合料设计方法。具体包括美国沥青再生协会（ARRA）、加利福尼亚州、宾夕法尼亚州和美国沥青协会（AI）等设计方法。

（1）ARRA设计方法。ARRA指南给出了3种不同的冷拌沥青混合料设计方法。分别是修正的马歇尔法和维姆法，俄勒冈州立大学提出的用来确定乳化沥青用量的方法。

修正的马歇尔方法：该方法要求设计的混合料总含水量（乳液中的水+RAP中的水+要加入的拌和水）为3%，乳液以理想用量的0.5%增量加入混合料中。混合料用马歇尔击实仪每面50次击实，击实后在60℃烘箱中不脱模养护6 h。然后，脱模，测试试件的密度、60℃稳定度和流值。最后，在最佳添加剂用量下，以加入总水量的0.5%变化量加入水，如2%、2.5%、3.5%和4%，确定每一个加水量对应平均空隙率。最大和最小空隙率分别为9%和4%。沥青混合料的水稳定性，建议采用美国国家公路与运输协会（AASHTO）T283方法测试。

修正的Hveem法：试件的准备方法与修正的马歇尔方法类似，不同的是试件采用揉搓成型。在1.725 MPa压力下夯实20下达到半击实状态，然后将压力提高至3.45 MPa，并夯实150次完成压实。最后，在最佳添加剂用量下，以加入总水量的0.5%变化量加入水，如2%、2.5%、3.5%和4%，确定每一个加水量的平均空隙率。推荐的混合料设计参数中最大和最小空隙率分别为9%和4%。沥青混合料的水稳定性，建议采用AASHTO T283方法测试。

俄勒冈州估计法：这种方法用来选择一个初始的乳化沥青用量加入到再生混合料中（100%RAP料）。设计步骤包括依据集料和复原沥青的性质调整乳化沥青1.2%（RAP料质量比）的基准用量。这种方法只适合阳离子中裂和阴离子中裂类型的乳液作为再生剂时的情形。首先，在12.5mm、6.3mm和2.0 mm等3个尺寸对RAP铣刨料进行筛分，然后测试复原沥青25℃针入度和60℃绝对黏度，再根据下式计算估计乳化沥青用量，有

$$ECEST = 1.2 + AG + AAC + AP / V \qquad (3-1)$$

式（3-1）中：ECEST为估计的乳化沥青用量；1.2为乳液的基准用量；AG为根据铣刨料级配进行的调整量；AAC为根据铣刨料残留沥青含量进行的调整量；AP/V为根据铣刨料残留沥青针入度或黏度进行的调整量。

（2）加利福尼亚州设计方法。加利福尼亚州冷再生沥青混合料设计方法详细说明了如何从路面钻孔取样，RAP料压碎后的级配，以及如何进行现场铣刨料的采样。现场铣刨样品用38mm、25mm、20mm、9.5 mm以及4.75 mm的筛检验其级配，要求确定从RAP料抽提后的老化沥青的黏度，给出了再生

剂的等级及用量的确定方法，并简要说明了试验室试样的养护方法。混合料设计试验内容包括击实后试件的密度、空隙率和 Hveem 稳定度试验等。

（3）Chevron 设计方法。Chevron 冷再生沥青混合料设计方法主要包括以下步骤。

1）RAP 料的评价。

2）未处治料的级配和用量的选择。

3）沥青结合料用量的估计。

4）乳化再生剂的类型、用量。

5）备选混合料性能的测试。

6）现场混合料配合比的确定。

该方法对沥青用量、RAP 料中沥青结合料的黏度和抽提后集料的级配等的确定方法进行了讨论，对新集料级配和用量的确定、沥青用量的估计步骤进行了详细说明，同时给出了选择乳化再生剂类型和用量的指导。备选混合料的试验包括早期养护和完全养护后的回弹模量、稳定度和黏聚力值，最终的现场混合料设计应根据最低乳化再生剂用量（最小值为 2%）来确定，应满足回弹模量、稳定度和黏聚力值等设计指标的要求。

（4）宾夕法尼亚州设计方法。宾夕法尼亚州冷再生沥青混合料设计方法规定了 RAP 样品的粒径，规定了确定最佳含水量和乳液用量的步骤。材料评价部分，试验内容包括 RAP 料中集料的级配、沥青含量以及抽提后沥青的针入度和黏度。

该方法混合料设计包括两套试验：首先，保持乳液用量不变，不同用水量试样的裹覆试验，根据结果，确定最佳用水量。然后，根据养护后浸水和不浸水试件回弹模量试验确定最佳乳液用量。

（5）AI 设计方法。AI MS-21 手册介绍了包括材料评价、混合料设计、厚度设计、就地厂拌施工等内容的一个沥青路面冷再生的完整方法。其中冷再生沥青混合料设计要求首先确定 RAP 料级配和沥青含量，具体包括以下步骤。

1）确定混合料的级配（包括新料和 RAP 料）。

2）新沥青结合料的选择。

3）组合集料沥青总用量的计算。

4）混合料中新沥青百分比的计算。

5）现场试验调整混合料沥青用量。

应当说明的是，AI 冷再生沥青混合料设计只要求混合料的级配和沥青用量，不包含任何力学试验。此外，RAP 料级配是指抽提后集料的级配，而不是

"黑石头"。沥青总用量可用经验公式计算，有

$$P_c = \frac{0.035a + 0.045b + K_c + F}{R} \qquad (3-2)$$

式（3-2）中：P_c 为沥青材料占混合料总重量（质量）的百分比；a 为粒径大于 2.36mm 矿料占全部矿料总量的百分比；b 为粒径为 2.36 ~ 0.075 mm 矿料占全部矿料总量的百分比；b 为粒径小于 0.075 mm 矿料占全部矿料总量的百分比。若 $K = 0.15$，则 0.075 mm 筛通过率为 11% ~ 15%；$K = 0.18$，则 0.075 mm 筛通过率为 6% ~ 10%；若 $K = 0.20$ 则 0.075 mm 筛通过率 <5%；$F = 0 ~ 2\%$ 取决于集料的沥青吸收率，一般取 0.7% ~ 1.0%；对普通低黏度沥青 $R = 1$，对乳化沥青 $R = 0.60 ~ 0.65$。新沥青的百分比可用下式计算，有

$$P_r = P_c - \frac{P_a \times P_P}{R} \qquad (3-3)$$

式中，P_r——新沥青百分比；

P_a——RAP 中沥青百分比；

P_p——混合料中 RAP 小数比率。

乳化沥青冷再生混合料配合比设计采用马歇尔试验方法确定最佳乳化沥青用量，同时将 48 h 的浸水马歇尔试验的残留稳定度作为一项控制指标。另外，在试件成型之前还要经过试拌，以确定合适的用水量。考虑乳化沥青混合料的强度形成比较缓慢，初期强度低，开放交通晚，通常添加一定剂量的水泥以提高其初期强度，同时提高其水稳定性和抗裂性能。由于加入的水泥用量少，不会改变柔性基层混合料的性能。根据经验，在配合比设计中加入了 1.5% 的水泥。

配合比设计中影响乳化沥青冷再生混合料性能的因素主要从集料合成级配选择、乳化沥青的用量、水泥用量、水的用量等几方面加以试验研究。首先采用 0 ~ 10 mm ∶ 10 ~ 32 mm =70% ∶ 30%，水泥剂量为 1.5%，乳化沥青掺量为 3.5%，拌和用水量分别为 1.5%、2.0%、2.5%、3%、3.5% 进行重型击实试验，确定混合料的最佳含水率和最大干密度；乳化沥青剂量分别 2.5%、3.0%、3.5%、4.0%、4.5%，根据确定的最佳含水率和最大干密度，采用马歇尔击实仪双面各击实 50 次成形，再进行 60℃、48 h 养生，最后双面各击实 25 次，冷却 12 h 后至室温脱模进行体积率指标及劈裂强度试验，最终确定出乳化沥青最佳用量。

（一）确定设计级配

本书全部采用旧铣刨料作为集料，从储料场取样进行目标配合比的试配，按适当比例掺配后乳化沥青混合料级配组成满足《公路沥青路面再生技术规范》（JTG F41—2008）中粗粒式"乳化沥青冷再生混合料的颗粒组成范围"要求，合成级配见表3-6，合成级配曲线如图3-3所示。

表3-6　RAP矿料合成集料级配结果

级配类型			通过下列筛孔（方孔筛/mm）的质量百分率/（%）						
乳化沥青冷再生			37.5	26.5	13.2	4.75	2.36	0.3	0.075
掺配比例	10～32 mm	30%	100.0	91.7	0.0	0.0	0.0	0.0	0.0
	0～10 mm	70%	100.0	100.0	100.0	60.4	32.1	5.8	2.8
实际合成级配			100.0	97.5	70.0	42.0	22.3	4.0	2.0
规范级配范围			100	80～100	60～80	25～60	15～45	3～20	1～7

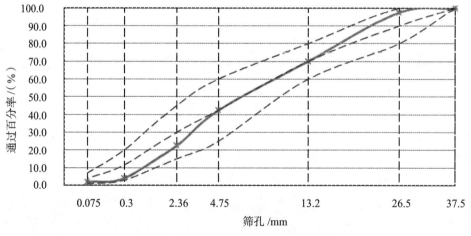

图3-3　RAP矿料合成集料级配曲线图

（二）乳化沥青混合料最佳含水率、最大干密度试验

采用0～10 mm：10～32 mm =70%：30%，水泥剂量为1.5%，乳化沥青掺量为3.5%，拌和用水量分别为1.5%、2.0%、2.5%、3%、3.5%进行重型击实试验，确定混合料的最佳含水率和最大干密度，试验结果见表3-7，如图3-4所示。

表 3-7　乳化沥青混合料击实试验结果

拌和用水量 / (%)	1.5	2.0	2.5	3.0	3.5
重型击实法含水率 / (%)	3.1	3.6	3.9	4.5	5.0
重型击实法干密度 / (g·cm⁻³)	2.090	2.097	2.108	2.102	2.086

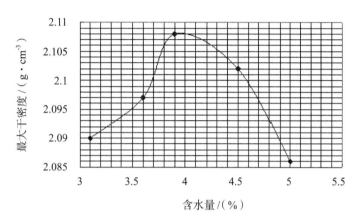

图 3-4　乳化沥青混合料含水量与干密度关系曲线

由图 3-4 可看出，当拌和用水量为 2.5%，混合料的最佳含水率达到 3.9% 时最大干密度为 2.108 g·cm⁻³，此后随着拌和用水量的增加最大干密度又逐渐变小，所以拌和用水量是影响混合料密实度的一个重要因素，在拌和时必须严格控制用水量并且随时进行原材料的含水率测定，以即时调整用水量。

（三）乳化沥青混合料强度试验

为了测定乳化沥青用量对混合料强度的影响，这里采用 0～10 mm ∶ 10～32 mm= 70% ∶ 30%，乳化沥青剂量分别 2.5%、3.0%、3.5%、4.0%、4.5%，根据确定的最佳含水率和最大干密度，采用马歇尔击实仪双面各击实 50 次成形，再进行 60℃，48 h 养生，最后双面各击实 25 次，冷却 12 h 后至室温脱模进行体积率指标及劈裂强度试验，实测最大理论密度为 2.523 g/cm³。干劈标准条件为：浸入 15℃恒温水浴 1 h 后进行劈裂试验；湿劈标准条件为：浸入温度 25℃恒温水浴中 23 h 后取出，再浸入温度 15℃恒温水浴中 2 h 后进行劈裂试验，试验结果见表 3-8 和表 3-9，劈裂强度与乳化沥青用量曲线关系如图 3-5 所示。

表 3-8　乳化沥青混合料体积率指标试验结果

乳化沥青剂量 / (%)	试件平均厚度 /mm	最大理论密度 / (g·cm⁻³)	实测毛体积密度 / (g·cm⁻³)	吸水率 / (%)	空隙率 / (%)
规范要求	实测	实测	实测	实测	9 ~ 14
2.5	63.1	2.523	2.194	1.8	13.0
3.0	62.8	2.523	2.214	1.7	12.2
3.5	62.4	2.523	2.229	1.7	11.7
4.0	62.9	2.523	2.237	1.6	11.3
4.5	62.4	2.523	2.247	1.5	10.9

表 3-9　乳化沥青混合料劈裂强度试验结果

乳化沥青用量 / (%)		2.5	3.0	3.5	4.0	4.5
干劈强度平均值 /MPa	规范要求	不低于 0.5				
	实测值	0.52	0.65	0.76	0.81	0.87
湿劈强度平均值 /MPa	实测值	0.41	0.55	0.67	0.74	0.80
干湿劈强度比 / (%)	规范要求	不低于 75				
	实测值	87.8				

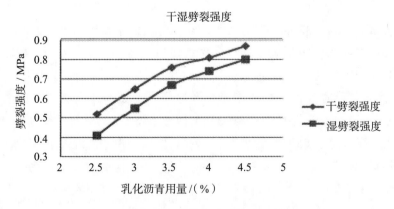

图 3-5　劈裂强度与乳化沥青剂量关系曲线

乳化沥青冷再生混合料是由多种材料混合而成的。压实不久的乳化沥青冷再生混合料是由初步破乳恢复沥青性能的乳化沥青、较多数量的水、粗集料、细集料构成，包括微量的水泥；压实成形的混合料，在行车荷载和环境温度作用下，水分不断蒸发、乳化沥青不断破乳并恢复沥青黏结性质，约 7 d 后乳化沥青冷再生混合料含有很少量水分，强度发育完成，最终达到与热沥青路面几乎相同的效果。

乳化沥青冷再生混合料中含有水分，这是和热沥青混合料的最大的不同。由于含有水分，水和乳化沥青乳液、分散在水中很小的沥青微粒在拌和时都起到良好的润滑作用，乳化沥青冷再生混合料经过破乳、水分蒸发，铺筑完成后大约 7 d，强度才能形成。

乳化沥青完全恢复黏结性能后，部分乳化剂与沥青互溶，不同乳化剂存在于沥青与矿料界面之间形成快凝、中凝、慢凝不同固化方式，所以不同的乳化沥青用量对乳化沥青冷再生混合料性能有重要影响。

从图 3-4 可看出，在乳化沥青用量不超过 5% 时，随着乳化沥青用量的增加，乳化沥青冷再生混合料干湿劈裂强度均不断增大，因此乳化沥青用量的多少直接关系乳化沥青冷再生混合料铺筑成功与否的关键，是一个至关重要的影响因素。在本书中采用 3.5% 作为目标配合比用量。

二、小结

（1）本次昆明至玉溪高速公路路面工程乳化沥青混合料配合比设计所采用的原材料采用昆玉高速公路路面回收沥青路面材料（RAP），峨山水泥厂生产的矿渣硅酸盐水泥 P.S.A32.5，云南云岭高速公路养护绿化工程有限公司凤仪沥青材料厂生产的乳化沥青。

（2）根据《公路沥青路面再生技术规范》（JTG F41—2008），结合室内试验结果，确定采用 RAP 矿料 0 ～ 10 mm ：10 ～ 32 mm =70% ：30%，水泥剂量 1.5%，拌和用水量 2.5%，乳化沥青剂量 3.5%。

（3）从试验结果看，配合比设计中影响乳化沥青冷再生混合料性能的因素主要有集料合成级配选择、乳化沥青的用量、水泥用量、水的用量几方面。合成级配选择的优劣直接关系混合料的均匀性；乳化沥青用量在 5% 以内时随着用量的增加，混合料的干湿劈裂强度也不断增加；水泥用量增加可提高混合料的强度；水的用量达到最佳用水量时，混合料沥青裹覆均匀，无花白料产生，密实度最好。

（4）昆明至玉溪高速公路路面工程乳化沥青混合料目标配合比设计结果见表 3-10。

表 3-10　乳化沥青混合料目标配合比设计结论

集料配合比比例 /（%）	水泥用量 /（%）	最大理论密度 /（g·cm⁻³）	最佳含水率 /（%）	乳化沥青剂量 /（%）	劈裂强度值 /MPa
0 ~ 10mm ： 10 ~ 32mm =70 ： 30	1.5	2.523	3.9	3.5	0.76

注：乳化沥青混合料的最佳含水率为乳化沥青含水量 + 外加水量。

第三节　乳化沥青厂拌冷再生混合料的工程应用

昆玉高速公路路面大修工程设计采用乳化沥青厂拌冷再生混合料作为路面下面层（厚 8 cm），全线设计路面结构为 8 cm 厚厂拌冷再生沥青混合料下面层 + 6 cm 厚厂拌热再生沥青混合料 AC-20C（掺加抗车辙剂）中面层 +4 cm AC-13C 细粒式 SBS 改性沥青混凝土上面层，厂拌冷再生沥青混合料作为路面下面层在云南尚属首次，为了能准确试验分析其各种施工影响因素，共做了二段试验段并成功铺筑了 2 km 长的路面，作为对其进行后期使用性能分析评价的研究试验路段。

一、第一段试验路段

经过对全路段的分析比较，选择 AK64+328—AK64+700 为第一段试验路段，由于施工季节正值雨季，旧沥青材料的含水量、颗粒级配等会有不同程度的变化，因此以目标配合比为依据，在拌和现场随机取样进行原材料性能分析，并配制出第一段的生产配合比。

（一）原材料性能

1. 沥青

对生产配合比设计所用的乳化沥青进行蒸发残留物及其三大指标检测，结果见表 3-11。

表 3-11　乳化沥青技术指标及试验结果

试验项目		单 位	检测值	质量要求	试验方法
蒸发残留物	残留分含量，不小于	%	63.5	62	T 0651
	溶解度，不小于	%	98.3	97.5	T 0607

	试验项目	单 位	检测值	质量要求	试验方法
蒸发残留物	针入度（25℃）	0.1mm	72	50 ~ 300	T 0604
	延度（15℃），不小于	cm	56.5	40	T 0605

2.旧沥青混合料 RAP

RAP 抽提后集料的密度检测结果见表 3-12。

表 3-12　RAP 密度

规格 /mm	表观相对密度	毛体积相对密度	吸水率 / （%）
0 ~ 10	2.709	2.692	
10 ~ 32	2.707	2.677	

3.水泥

水泥技术指标检测结果见表 3-13。

表 3-13　水 泥 试 验 结 果

性能指标	单 位	设计要求值	检测值	试验方法
初凝时间	h	不小于 3	4.6	T 0505—2005

（二）确定生产级配

以目标配合比设计结果为依据，根据现场实际筛分情况重新对 RAP 进行掺配，结果见表 3-14 和图 3-6。

表 3-14　RAP 矿料合成集料级配结果

级配类型		通过下列筛孔（方孔筛㎜）的质量百分率 / （%）						
乳化沥青冷再生		37.5	26.5	13.2	4.75	2.36	0.3	0.075
掺配比例	10 ~ 32 mm	100	99.3	45.2	0	0	0	0
	0 ~ 10 mm	100	100	100	59	29.3	5.6	2.2
第一次试验路（50% ： 50%）		100.0	99.65	72.6	29.5	14.65	2.8	1.2
规范级配范围		100	80 ~ 100	60 ~ 80	25 ~ 60	15 ~ 45	3 ~ 20	1 ~ 7

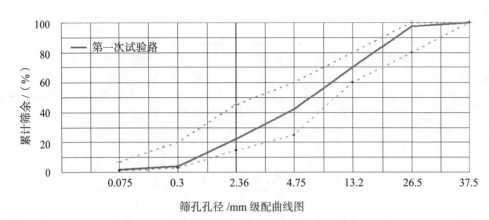

图 3-6　矿料合成级配曲线

（三）确定最佳乳化沥青用量

参考目标配合比设计结果，第一次试验路采用 3.5% 的乳化沥青，1.7% 的水泥，进行试拌。取样进行劈裂试验；试验结果见表 3-15 和表 3-16。

表 3-15　乳化沥青混合料体积率指标试验结果

试验路	乳化沥青剂量 /（%）	试件平均厚度 /mm	最大理论密度 /(g•cm⁻³)	实测毛体积密度 /(g•cm⁻³)	吸水率 /（%）	空隙率 /（%）
第一次	3.5	63.4	2.546	2.242	1.9	11.9
规范要求		实测	实测	实测	实测	9 ~ 14

表 3-16　乳化沥青混合料劈裂强度试验结果

检测指标	检测结果	技术要求
第一次试验路		
干劈度强度平均值 /MPa	0.85	不小于 0.5
湿劈强度平均值 /MPa	0.73	实测
干湿劈强度比 /（%）	85.88	不小于 75

从各项检验结果可看出，乳化沥青用量 3.5%，拌和用水量 1.5%，水泥用量 1.7% 时，混合料干湿劈裂强度均大于《公路沥青路面再生技术规范》（JTG F41—2008）中的相关要求，可用于指导施工。

（四）生产配合比

根据以上对乳化沥青冷再生混合料生产配合比设计及性能检验，所得结论见表 3-17。

表 3-17　乳化沥青冷再生产配合比结果

集料配合比比例 /(%)	水泥用量 /(%)	最大理论密度 /(g·cm⁻³)	最佳拌和用量 /(%)	乳化沥青剂量 /(%)	劈裂强度值 /MPa
0 ~ 10 mm：10 ~ 32 mm =50：50	1.7	2.546	1.5	3.5	0.85

（五）现场施工设备

第一段试验路段 AK64+328—AK64+700 段的施工，严格按《公路沥青路面再生技术规范》（JTG F41—2008）的相关要求配备 KMA220 厂拌设备 1台，装载机 2 台，运输车辆 8 辆，沥青混凝土摊铺机 1 台，12 ~ 16 t 双钢轮压路机 1 台，单钢轮压路机 1 台，胶轮压路机 1 台。

（六）拌和

（1）本工程采用维特根 KMA220 移动式搅拌站，产量每小时 200 t。拌料前对拌和设备及配套设备进行了检查，使各种仪表处于正常的工作状态。

（2）RAP 分别堆放，并搭建雨棚。

（3）本次试验路现场通过试拌后确定拌和用水量为 1.5%，混合料的拌和用水量，以混合料拌和均匀，所有矿料颗粒全部裹覆乳化沥青为度，可根据实际混合料的情况进行修正调整，如图 3-7 所示。

图 3-7　云南昆玉高速公路乳化沥青冷再生混合料拌和

（4）拌和厂在试验室的监控下工作，在混合料装车过程中拌和人员、试验检测人员以及现场施工技术人员及时目测检查混合料的均匀性，及时分析异常现象。拌和厂拌出的乳化沥青混合料均匀、色泽一致，无花白料等现象，如确认是质量问题应做废料处理并及时予以纠正。

（七）运输

（1）根据混合料数量计算、配备足够的运输车辆，保证混合料及时运抵施工现场。车辆的运输能力应大于拌和能力和摊铺能力，在现场等候的卸料车不少于 5 辆，使摊铺机连续均匀不间断地进行铺筑。

（2）沥青混合料采用解放等大吨位自卸车运输，车辆在装料前车辆底部及两侧均应冲洗清扫干净，并涂一薄层隔离剂，但不得有余液积聚在车箱底部。

（3）拌和机向运料车卸料时，每卸一次混合料应按前后中挪动一下输送带，以减少装料过程中的离析。现场装料时较好的执行"前后中"原则。

（4）为了防止运输过程中水分挥发较快导致乳化沥青提前破乳，应设置专人对运料车进行覆盖，覆盖应严密、牢固，避免运料车中部分混合料裸露在外，运输车在卸料过程中应保证蓬布继续覆盖直到卸料结束取走，如图 3-8 所示。

图 3-8　云南昆玉高速公路乳化沥青冷再生混合料运输覆盖

（5）运料车卸料时在距摊铺机前 10～30 cm 处停车，不得碰撞摊铺机，并不得踩紧刹车。卸料过程中运料车应挂空档，靠摊铺机推动前进。

（6）加强运料车日常维修保养工作，避免运输途中出现故障影响施工质量和施工进度。

（7）运输途中应设专人对运输车辆进行保通以免因堵车、绕道等错过乳化沥青冷再生的摊铺碾压的最好时机。

（八）摊铺

（1）采用三一重工摊铺机摊铺，配有非接触式平衡梁。

（2）摊铺时，由于该段只处治行慢车道，总摊铺宽度为 7.5 m，故采用一台摊铺机作业。摊铺机采用一侧钢丝绳引导的高程控制方式自动找平，中间采用铝合金梁找平。雨天不能摊铺，气温低于 10℃不能摊铺。

（3）摊铺过程中，有专人检查铺筑厚度及平整度，发现局部离析、拖痕及其他问题及时处理。

（4）拌和设备的生产能力与摊铺机摊铺速度相适应，应保证摊铺过程的匀速、缓慢、连续不间断，中途不得随意变速或停机。摊铺中螺旋布料器应均衡地向两侧供料，并保持一定料位高度以保证熨平板后松铺面的平整和混和料初始疏密程度的稳定，螺旋输送器的料位基本保持在螺旋直径的 2/3 以上的高度。

（5）摊铺机在开始受料前，应在料斗内涂刷少量防止黏料用的隔离剂。另外，摊铺前在熨平板底抹菜籽油（或其他植物油），避免摊铺过程中熨平板的"拉毛"现象，如图 3-9（a）所示。

（6）摊铺机接料斗两翼板拢料要求每一料车用完即拢料一次，受料斗内的混合料不得脱空，基本保持有 15 cm 厚的混合，如图 3-9（b）所示。摊铺的混合料在未压实前，施工人员不得进入踩踏。一般不用人工不断地整修，只有在特殊情况下，需在现场主管人员指导下，允许用人工找补或更换混合料，缺陷较严重时应予以铲除，并调整摊铺机或改进摊铺工艺。

（a）

图 3-9　云南昆玉高速公路乳化沥青冷再生混合料第一试验段摊铺现场

（b）

续图 3-9　云南昆玉高速公路乳化沥青冷再生混合料第一试验段摊铺现场

（a）云南昆玉高速公路乳化沥青冷再生混合料摊铺前喷隔离剂；（b）云南昆玉高速公路乳化沥青冷再生混合料摊铺

（九）碾压

（1）碾压遵循"紧跟、慢压、高频、低幅"的原则进行。混合料摊铺后必须紧跟着在尽可能乳化沥青未破乳状态下开始碾压。

（2）沥青混合料压实分为初压、复压、终压三个阶段，分别采用不同型号的压路机，各个压实阶段，均不准压路机在新铺筑层上转向、调头、急刹车及停放。为避免碾压时混合料推挤产生拥包，碾压时应将驱动轮朝向摊铺机，碾压应慢速、均匀进行，本试验段采用一种组合方式，碾压工艺见表 3-18。

表 3-18　压路机碾压组合方式

碾压方式和遍数	初　压		复　压		终　压	
	方式	遍数	方式	遍数	方式	遍数
12 t 双钢轮压路机 1 台	静压	各 2 遍				
单钢轮压路机 1 台			振压	各 2 遍		
26 t 胶轮压路机 1 台				各 6 遍		
12 t 双钢轮压路机 1 台					静压	2

（十）养生

晴天不用采取任何措施，铺筑后 3d 内下雨时必须采用防水雨布进行覆盖，并做好路肩排水。该试验路铺筑后第二天（7 月 11 日）就遇到雨天，见

表 3-19，没有及时覆盖，导致混合料强度形成受到影响，10d 仍不能取出完整芯样，如图 3-10 所示。

表 3-19　现场晴雨表（7 月 11 日—7 月 27 日）

日　期	11	12	13	14	15	16	17	18	19
天气	多云间晴	小阵雨	中到大雨	小阵雨	小阵雨	中到大雨	中到大雨	小阵雨	小阵雨
气温 /℃	19 ~ 29	20 ~ 26	20 ~ 26	19 ~ 24	19 ~ 23	18 ~ 24	19 ~ 22	19 ~ 24	19 ~ 26
日期	20	21	22	23	24	25	26	27	
天气	晴间多云	小阵雨	中到大雨	多云间晴	小阵雨	中到雨	小阵雨	小到中雨	
气温 /℃	19 ~ 28	19 ~ 25	19 ~ 23	19 ~ 27	18 ~ 26	18 ~ 24	19 ~ 22	19 ~ 24	

图 3-10　养生条件对强度的影响关系图

（十一）施工质量控制

（1）由于正值雨季，拌和用水量难于控制，部分大料未裹覆沥青，有花白料存在，摊铺前混合料颜色已变为黑色（拌和用水量开始为 0，最后逐渐调整到 1.5%，摊铺压实后取样测得含水率为 3.3%，室内最佳含水率为 4%），如图 3-11 所示。

（a）　　　　　　　　　　　　　（b）

图 3-11　乳化沥青冷再生混合料含水率控制情况

（a）乳化沥青冷再生混合料花白料；（b）乳化沥青冷再生混合料颜色已变为黑色

（2）含水率难于控制，含水率对破乳速度的影响，含水率低则破乳速度快容易引起卸车困难，压实困难，含水率高则早期强度形成较慢。摊铺厚度偏薄，导致现场压实度不足。

图 3-12　云南昆玉高速公路乳化沥青冷再生混合料现场压实度检测

（3）设计厚度 8 cm，摊铺厚度偏薄，单钢轮压路机震动碾压后出现推挤和干裂，所以不宜采用单钢轮压路机震压，如图 3-13 所示。

（a）

（b）

图 3-13 云南昆玉高速公路乳化沥青冷再生混合料碾压

（c）

续图 3-13　云南昆玉高速公路乳化沥青冷再生混合料碾压

（a）云南昆玉高速公路乳化沥青冷再生混合料双钢轮压路机碾压；（b）云南昆玉高速公路乳化沥青冷再生混合料单钢轮压路机碾压；（c）云南昆玉高速公路乳化沥青冷再生混合料单钢轮压路机碾压后

（4）摊铺机螺旋布料器长度不够，边缘出现大料聚集现象，摊铺机摊铺后出现离析，如图 3-14 所示。

图 3-14　云南昆玉高速公路乳化沥青冷再生混合料离析

二、第二段试验路段

由于第一段乳化沥青冷再生施工，使用一台摊铺机，摊铺机螺旋长度不够导致边缘离析严重；含水率偏低、摊铺厚度偏薄、使用单钢轮压路机碾压，致使混合料在碾压过程中发生推移现象，导致压实度不够。含水率对破乳速度的影响，含水率低则破乳速度快容易引起卸车困难，压实困难；含水率高则早期强度形成较慢。在第一段的基础上做进一步的改进，在拌和现场随机取样进行原材料性能分析，并对一阶段的生产配合比做适当调整，另选择AK75+000—AK76+400段作为第二个试验段。

（一）原材料性能

1.沥青

对生产配合比设计所用的乳化沥青进行蒸发残留物及其三大指标检测，结果见表3-20。

表3-20　乳化沥青技术指标及试验结果

	试验项目	单　位	检测值	质量要求	试验方法
蒸发残留物	残留分含量，不小于	%	63.5	62	T 0651
	溶解度，不小于	%	98.3	97.5	T 0607
	针入度（25℃）	0.1 mm	72	50 ~ 300	T 0604
	延度（15℃），不小于	cm	56.5	40	T 0605

2.旧沥青混合料RAP

RAP抽提后集料的密度检测结果见表3-21。

表3-21　RAP密度

规　格/mm	表观相对密度	毛体积相对密度	吸水率/（%）
0 ~ 10	2.709	2.692	
10 ~ 32	2.707	2.677	

3.水泥

水泥技术指标检测结果见表3-22。

表 3-22　水泥试验结果

性能指标	单　位	设计要求值	检测值	试验方法
初凝时间	h	>3	4.6	T 0505—2005

（二）确定生产级配

以第一段试验段配合比设计结果为依据，根据现场实际筛分情况重新对 RAP 进行掺配，对生产配合比作适当调整，结果见表 3-23。

表 3-23　RAP 矿料合成集料级配结果

级配类型		通过下列筛孔（方孔筛 /mm）的质量百分率 /（%）						
乳化沥青冷再生		37.5	26.5	13.2	4.75	2.36	0.3	0.075
掺配比例	10 ~ 32 mm	100	99.3	45.2	0	0	0	0
	0 ~ 10 mm	100	100	100	59	29.3	5.6	2.2
第二次试验路（51%：49%）		100.0	99.6	74	31.6	16.4	4.4	2.5
规范级配范围		100	80 ~ 100	60 ~ 80	25 ~ 60	15 ~ 45	3 ~ 20	1 ~ 7

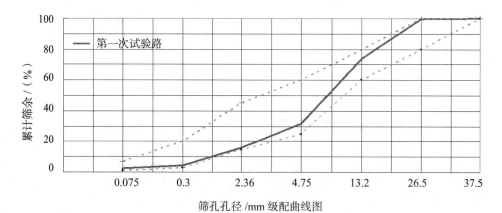

图 3-15　矿料合成级配曲线

（三）确定最佳乳化沥青用量

由于第一次乳化沥青用量为 3.5%，水泥用量为 1.5%，10d 后钻不出完整芯样，所以第二次为了提高早期强度的形成，采用 3.0% 的乳化沥青，1.8% 的水泥，减少了乳化沥青用量，增加了水泥用量，进行试拌。取样进行劈裂试验。试验结果见表3-24和表3-25。

表3-24 乳化沥青混合料体积率指标试验结果

试验路	乳化沥青剂量 /（%）	试件平均厚度 /mm	最大理论密度/(g·cm⁻³)	实测毛体积密度/(g·cm⁻³)	吸水率（%）	空隙率（%）
第二次	3.0	63.9	2.538	2.249	1.6	11.4
规范要求		实测	实测	实测	实测	9 ~ 14

表3-25 乳化沥青混合料劈裂强度试验结果

检测指标	检测结果	技术要求
第二次试验路		
干劈强度平均值 /MPa	0.85	≥ 0.5
湿劈强度平均值 /MPa	0.73	实测
干湿劈强度比 /（%）	85.88	≥ 75

从表3-24和表3-25中可看出，与第一段试验段相比，本次乳化沥青混合料乳化沥青用量减少了0.5%，水泥用量增加了0.1%，实测毛体积密度2.249g·cm⁻³，略有增加，吸水率减小了0.3%，空隙率减小了0.5%。

（四）生产配合比

根据以上对乳化沥青冷再生混合料生产配合比设计及性能检验，所得结论见表3-26。

表3-26 乳化沥青冷再生产配合比结果

集料配合比比例 /（%）	水泥用量 /（%）	最大理论密度/(g·cm⁻³)	最佳拌和用水量 /（%）	乳化沥青剂量 /（%）	劈裂强度值 /MPa
0 ~ 10mm ：10 ~ 32mm =51 ：49	1.8	2.38	1.5	3.0	0.80

从表3-26中可看出，调整配合比后劈裂强度值0.8 MPa比第一段减小0.05 MPa。

（五）现场施工准备

充分总结第一段施工取得的经验和吸取教训，本次施工配备 KMA220 厂拌设备 1 台，装载机 3 台，运输车辆 15 辆，沥青混凝土摊铺机 2 台，12 ~ 16 t 双钢轮压路机 3 台，胶轮压路机 2 台，取消了单钢轮压路机。

（六）拌和

（1）本工程采用维特根 KMA220 移动式搅拌站，产量每小时 200 t。拌料前对拌和设备及配套设备进行了检查，使各种仪表处于正常的工作状态。

（2）本次试验路现场通过试拌后确定拌和用水量为 1.5%，并且随时抽检原材料的含水量，适时调整拌和用水量。

（3）拌和厂拌出的乳化沥青混合料均匀、色泽一致，无花白料等现象。

（七）运输

（1）由于从拌和场到现场的距离为 14 km，并且该路段坡陡弯急，要走一段老公路，极易造成堵车，所该段施工增加运输车辆至 15 辆，增设 2 名专职管理人员，1 人在拌和站专门负责记录出料时间、车牌号码，并将情况报现场管理人员，另 1 人专职负责现场运输车辆到场时间，计算从出料到现场用时是多少，如遇超时车辆即时进行通报现场管理人员。

（2）运输沿途设置专职安全保通人员，对道路进行疏导分流，以便施工运输车辆能顺利通行，准时到达，避免运输途中出现故障影响施工质量和施工进度。

（3）运料车卸料时，设专职指挥人员进行指挥倒车，确保在距摊铺机前 10 ~ 30 cm 处停车，不碰撞到摊铺机。

（八）摊铺

（1）采用福格勒摊铺机摊铺，配有非接触式平衡梁，摊铺前对下承层进行准确的高程测量，以确保摊铺厚度达到设计要求，如图 3-16 所示。

（2）摊铺时，由于该段处治行慢超车道，总摊铺宽度为 11.5 m，并且为避免如第一段时的离析现象再次发生，故采用二台摊铺机实现梯队联合作业。相邻两台摊铺机前后相距 10 ~ 20 m 作业。摊铺机宜采用一侧钢丝绳引导的高程控制方式自动找平，中间采用铝合金梁找平。

110

（a）

（b）

图 3-16 云南昆玉高速公路乳化沥青冷再生混合料第二试验段摊铺现场

（a）云南昆玉高速公路乳化沥青冷再生混合料摊铺前高程测量；（b）云南昆玉高速公路乳化沥青冷再生混合料梯队摊铺

（九）碾压

沥青混合料压实分为初压、复压、终压三个阶段，分别采用不同型号的压路机，各个压实阶段均不准压路机在新铺筑层上转向、调头、急刹车及停放，如图 3-17 所示。为了避免碾压时混合料推挤产生拥包，碾压时应将驱动轮朝向摊铺机，碾压应慢速、均匀进行，本试验段采用二种组合方式，碾压工艺见表 3-27 和表 3-28。

（a）

（b）

图 3-17　云南昆玉高速公路乳化沥青冷再生混合料第二试验段碾压

（c）

（d）

续图 3-17　云南昆玉高速公路乳化沥青冷再生混合料第二试验段碾压

　　（a）云南昆玉高速公路乳化沥青冷再生混合料双钢轮压路机碾压；（b）云南昆玉高速公路乳化沥青冷再生混合料胶轮压路机碾压；（c）云南昆玉高速公路乳化沥青冷再生混合料接缝处碾压；（d）云南昆玉高速公路乳化沥青冷再生混合料碾压中及时找补

表 3-27　压路机碾压组合方式

碾压方式和遍数	初　压		复　压		终　压	
	方式	遍数	方式	遍数	方式	遍数
12 t 双钢轮压路机 2 台	静压	各 1 遍	振压	各 2 遍		
26 t 胶轮压路机 2 台				各 6 遍		
12 t 双钢轮压路机 1 台					静压	2

表 3-28　压路机碾压组合方式

碾压方式和遍数	初　压		复　压		终　压	
	方式	遍数	方式	遍数	方式	遍数
YZC12C 双钢轮压路机 2 台	静压	各 1 遍	振压	各 3 遍		
26 t 胶轮压路机 2 台				各 6 遍		
12 t 双钢轮压路机 1 台					静压	2

（十）养生

由于雨季施工，吸取第一段的教训，该段施工碾压完后，立即采用养生膜覆盖，以防被雨淋，天晴时又去拉开覆盖膜，让太阳暴晒，以加快乳化沥青破乳，如图 3-18 所示。

图 3-18　云南昆玉高速公路乳化沥青冷再生混合料覆盖养生

三、试验路对比分析评价

为了充分研究了解各厂拌乳化沥青冷再生混合料施工影响因素，对两段试验路段的施工进行一个对比分析评价，最终得出在各个施工环节中会出现哪些影响质量的因素，针对各种影响因素又采取何种措施加以克服。

从厂拌乳化沥青冷再生混合料的沥青含量、含水率、马歇尔稳定度和劈裂强度等几个主要的施工影响因素出发，对两段试验路段的施工结果进行一个对比分析。

（一）沥青含量（燃烧炉法）

沥青含量即沥青混合料中沥青结合料质量与沥青混合料总质量的比值，以百分率表示。本试验在拌和场从运料车采取沥青混合料试样，并在金属盘中适当拌和，称取混合料试样，准确到 0.1 g。并对同一沥青混合料试样平行测定两次，取平均值作为试验结果，试验结果见表 3-29。

表 3-29　试验路沥青含量检测结果

检测项目	RAP 矿料沥青含量/（%）	混合料沥青含量/（%）	混合料新添加沥青用量/（%）
第一次试验路	4.3	6.6	2.3
第二次试验路	4.4	6.1	1.7

从表 3-29 中可看出，第一次试验路段旧沥青料沥青含量为 4.3%，新添加沥青用量 2.3%，最终混合料沥青含量为 6.6%；第二次试验路段旧沥青料沥青含量为 4.4%，新添加沥青用量 1.7%，最终混合料沥青含量为 6.1%，混合料沥青含量第二次比第一次低了 0.5%。

（二）含水率

含水率是厂拌乳化沥青冷再生混合料中，旧沥青混合料含水量与拌和用水量相加而得，含水率的大小直接影响到混合料的拌和、摊铺、碾压、养生以及早期强度形成快慢。经过对二次试验路混合料的含水率测定，结果见表 3-30。

表 3-30　试验路混合料含水率检测结果

检测项目	混合料含水率/（%）
第一次试验路	3.5
第二次试验路	4.1

从表中可看出第一次试验路混合料含水率低于第二次试验路，导致二种不同的施工结果。

（三）马歇尔试验

本方法采用对混合料进行马歇尔稳定度试验和浸水马歇尔稳定度试验，以检验厂拌乳化沥青冷再生路面施工质量，试验检测结果见表 3-31。

表 3-31　试验路混合料马歇尔试验检测结果

检测项目	最大干密度（g·cm^{-3}）	毛体积密度（g·cm^{-3}）	最大理论密度（g·cm^{-3}）	空隙率（%）
第一次试验路	2.108	2.231	2.523	11.6
第二次试验路	2.142	2.249	2.538	11.4

从表 3-31 中可看出第二次试验路段最大干密度增加，毛体积密度和最大理论密度增加，空隙率减小。

（四）劈裂强度

乳化沥青冷再生混合料进行正式生产之后，对拌和楼生产出的混合料取样，进行室内试验检验其劈裂强度、劈裂强度比。检测结果见表 3-32。

表 3-32　试验路混合料劈裂试验检测结果

试验路	干劈裂强度 /MPa	平均干劈裂强度 /MPa	湿劈裂强度 /MPa	平均湿劈裂强度 /MPa	干湿劈裂强度比 /（%）
第一段试验路	0.89		0.76		
	0.91	0.84	0.75	0.74	88.8
	0.71		0.72		
第二段试验路	0.89		0.83		
	0.77	0.81	0.72	0.74	91.3
	0.77		0.68		

从表 3-32 中可见，第一段平均干劈裂强度 0.84 MPa 大于第二次平均干劈裂强度 0.81 MPa，第一次干湿劈裂强度比（88.8%）小于第二次（91.3%）。

（五）路面状况

厂拌乳化沥青冷再生混合料面施工好后，要即时对压实度、芯样劈裂强度、厚度、渗水系数、平整度等各项指标进行认真检测。

（六）压实度

厂拌乳化沥青冷再生混合料路面施工好后，进行压实度检测，检测结果见表 3-33 和表 3-34。

表 3-33　第一段试验路压实度及芯样劈裂强度

检测项目	1	2
含水率 /（%）	2.7	3.6
干密度 /（g·cm^{-3}）	2.032	2.092
相对于最大干密度的压实度 /（%）	96.4	99.2
相对于理论密度的压实度 /（%）	80.5	82.9
试验路芯样干劈裂强度 /MPa	0.41	

表 3-34　第二段试验路压实度及芯样劈裂强度

项目	1	2	3	4
含水率 /（%）	3.0	4.1	3.4	3.4
干密度 /（g·cm^{-3}）	2.136	2.169	2.215	2.095
相对于最大干密度的压实度 /（%）	99.7	101.3	103.4	97.8
相对于理论密度的压实度 /（%）	84.2	85.5	87.3	82.5
试验路芯样干劈裂强度 /MPa	0.76			

（七）厚度

第一段试验路厚度控制偏薄，第二次试验段厚度控制符合设计要求。

（八）渗水试验

经检测，两次试验路渗水偏大，渗水系数在 1 000 mL·min^{-1} 以上。

（九）平整度

试验路结束后分采用上海厉普勒斯激光平整度仪进行平整度检测。两次试验路的平整度测试结果见表 3-35。

表 3-35　路面平整度试验结果

桩　号	慢车道（标准差）	行车道（标准差）	超车道（标准差）
第一段试验路	3.2	3.2	
第二段试验路	2.2	2.2	2.3

通过试验段的铺筑与检测，现对试验段实施过程中各种原材料性能、混合料生产过程、施工工艺及试验路状况的评价如下：

（1）材料评价。试验路所用的 RAP 含水率不均匀，造成拌和用水量控制困难，建议加强对 RAP 料的管理，避免局部受潮。

（2）设备评价。

1）拌和机计量设备不稳定，建议加强日常维修保养工作，进一步检修和标定，确保计量精确。

2）第一次试验路中摊铺机的螺旋长度不够，导致边缘离析，第二次摊铺过程中采用二台摊铺机摊铺，彻底解决此问题。

3）其他设备均属正常。

（3）工艺评价。根据试验路施工工艺的过程控制和铺筑后路面的压实度、厚度、渗水、平整度的检测结果分析，尚需加强碾压和厚度的控制，以保障压实度和厚度能够满足设计要求。

（4）外观评价。试验路铺筑后，从外观上对路面状况进行检查，主要体现以下几方面：

1）局部存在轻微离析现象，总体较好。

2）横向施工缝搭接不平整，建议加强接缝的处理，以确保平整度能够满足规范要求。

3）局部还有明显的轮迹未消除以及轮胎压路机停机痕迹。

4）施工中出现轮胎压路机黏轮现象，胶轮带黏走粗骨料后形成小坑槽。

四、二段试验段对比分析

（一）经验

通过两段试验段的施工，总结施工过程，可以得到的经验如下。

（1）拌和时由于乳化沥青掺量、水泥掺量、掺水量偏多或偏少导致花白料、提前破乳、养生时间延长等影响施工质量的因素，因此拌和时乳化沥青掺量、水泥掺量确定的情况下，必须控制好拌和用水量，拌和添加用水要考虑铣刨后废旧沥青混合料的含水量，但混合料含水率不宜太高。因为拌和总用水量的多少，将直接影响着乳化沥青混合料的压实效果。另外，用水多，破乳速度减慢，影响开放交通的时间。

（2）乳化沥青用量不宜过多，当乳化沥青的添加量超过5%时，干湿劈裂强度将会随着沥青用量的增加而变小，乳化沥青用量3.5%左右为最佳，但须根据旧沥青料中的沥青含量进行适当调整。

（3）乳化沥青冷再生混合料的摊铺，全幅摊铺时每个作业面应配备两台沥青混凝土摊铺机实现梯队联合作业，相邻两台摊铺机宜前后相距10～20 m作业，严格按照规范要求施工。当出现横断面不符合要求、构造物接头部位缺料、表面不平整、局部混合料明显离析情况时，可用人工局部找平或更换混合料。

（4）乳化沥青冷再生混合料由于采用单钢轮压路机震压，致使碾压后出现推挤和干裂。因此先用轻型双钢轮压路机初压1～2遍，使混合料初步稳定，然后用双钢轮压路机振压3遍，再用26 t胶轮压路碾压至少6遍，最后用双钢轮压路机压2遍收光轮印。

（5）当在雨季施工时，施工完后必须即时用养生膜覆盖进行养生，避免被雨水淋洒后增加混合料的含水率，延长养生时间，天晴时立即拉开暴晒，以使水份快速蒸发，缩短破乳时间，尽快形成早期强度，减少含水率对混合料强度的影响。

（二）不足之处

本次试验段在取得经验的同时，也存在一定的不足，主要表现在以下几方面。

（1）由于是雨季施工，旧沥青混合料中含水量变化较大，天晴时铣刨的旧料含水量变小，拌和时就要增加用水量，下雨时铣刨的旧料含水量变大，拌和时要减少用水量，这样一来就使得混合料含水率难于控制，含水率时高时低，直接影响到混合料的均匀性及和易性，也会响影到现场摊铺碾压的质量以及破乳时间的长短。

（2）试验路在两次施工中，所用的摊铺和压实机械不同，第一次用一台摊铺机摊铺，送料螺旋不够长，导致边缘部份出现离析现象，采用单钢轮压路机进行振动复压，由于设计厚度太薄，含水率太小，振压后产生推移和干裂，压实效果相对不太理想；第二次更换摊铺机和压路机之后，摊铺效果和压实度有所改善。

（3）第一次摊铺后未即时进行养生膜覆盖养生，被雨水浸泡，导致养生时间延长；第二次进行了改进，效果很好。

（三）改进措施

通过试验路铺筑的事前、事中、事后的控制和检测结果分析，两次试验路铺筑均为达到设计要求。对于分析评价中的各种施工影响因素采取以下措施加以克服：

（1）由于拌和不均匀、乳化沥青用量及用水量偏少导致混合料出现花白料的情况，将采取合理调整配合比设计、拌和时注意分级拌和、校正拌和设备的计量装置，增加用水量、乳化沥青用量等措施。

（2）由于含水量过大、温度偏高、滞仓太久、无防堵装置设备导致的生料仓堵塞问题，将采取减少用水量、降温、减少拌和时间、设备安装震动装置等措施，并配合人工辅助、最后出料。

（3）由于破乳太快、细料用量过大、乳化沥青或用水量偏少、滞仓太久、无防堵装置设备导致的孰料仓堵塞问题，采取合理调整乳化剂、调整混合料配合比设计、校正拌和设备的计量问题，增设防堵装置等措施。

（4）针对配合比不准的问题，可从设计时取样不具有代表性、拌和设备每天未进行标定分析，主要是前期调查应详细、分段取样、每天级配调整，并每天对拌和设备进行标定、校核。

（5）针对摊铺中的卸料困难问题，将采取调整混合料配合比设计、选择初凝和终凝时间满足规范的水泥、选择合适的运料卡车。

（6）针对由于配合比设计不合理、装料卸料过程不规范、摊铺机螺旋布料器布料不均匀而导致的严重离析问题，即时调整配合比设计、增加适当细料，装料时前后移动、注意每车的收斗、合理选择摊铺机类型或调整螺旋布料器。

（7）针对摊铺过程中的过干、过湿问题，适时调整 RAP 料的用量、覆盖好运输卡车、清除表面积水、压实时少洒水、不可冒雨施工。

（8）针对压实时黏轮、推挤、干裂、冒水、弹簧、松散现象，采用及时洒水碾压压实、增加碾压厚度或调整压路机和压实方法、调整级配、减少拌和用水、重新设计调整级配、提前压实。

（9）针对空隙率过大、下半层压实度不够的问题，合理调整配合比设计，适当增加细料比例，改变压实、减少用水量、减薄厚度。

（10）针对由于乳化沥青配方设计、配合比设计，低温、多雨、潮湿、无太阳直射等气候导致的混合料成形太慢的问题，建议合理调整设计、选择化学快凝型乳化剂、增加水泥用量、适当推迟压实、适当加热乳化沥青、尽量减少用水量、摊铺后在下雨前及时覆盖。

（11）针对养生期含水量偏大的问题，建议减少用水量，雨前及时覆盖摊铺料。

（12）针对开放交通后由于车速过快、转弯、沥青用量偏少、级配偏粗、没有成形的表面松散问题，建议调整级配、保证养生时间、封闭交通、限速交通、限小车交通、不可转弯、加雾封层或其他封层进行调整；由于再生层没成型、沥青用量偏大、沥青等级不对、重车交通、温度太高而导致的车辙问题，建议调整设计、保证养生时间，限制重车通行。

五、乳化沥青冷再生效益分析

（一）目标配合比材料成本分析

在从目标配合比到生产配合比的不断改进过程中，经过对乳化沥青冷再生混合料各组成成分的成本分析，成本主要集中于乳化沥青上，按目标配合比（水泥：水：乳化沥青 =1.5 ： 3.9 ： 3.5）计算，每 1 t 乳化沥青冷再生混合料中含有的乳化沥青和水泥用量分别为 m_1 和 m_2：

$$m_1=1/（1+0.039+0.035+0.015）\times 0.035=0.032\ t$$
$$m_2=1/（1+0.039+0.035+0.015）\times 0.015=0.014\ t$$

昆玉高速公路路面大修（一期）工程，乳化沥青厂拌冷再生下面层施工面积为 S=323 750.5 m^2，厚度 h=0.08 m，假设乳化沥青冷再生混合料密度为 ρ_1=2.266 t·m^{-3}，则乳化沥青冷再生混合料总质量为 m_z：

$$m_z=h \times S \times \rho_1=0.08 \times 323\ 750.5 \times 2.266=58\ 689.49\ t$$

因此，使用目标配合比时，乳化沥青和水泥总质量分别为 m_3 和 m_4：

$$m_3=58\ 689.49 \times 0.032=1\ 878.06\ t$$
$$m_4=58\ 689.49 \times 0.014=821.65\ t$$

根据 2012 年 7 月的市场数据，乳化沥青和水泥的单价分别为：5 300 元·t^{-1} 和 290 元·t^{-1}，故乳化沥青和水泥的总价分别为

$$V_1=1\ 878.06 \times 5\ 300=9\ 953\ 718\ 元$$
$$V_2=821.65 \times 290=238\ 278.5\ 元$$

费用总价为

$$V_1+V_2=10\ 191\ 996.5\ 元$$

（二）生产配合比材料成本分析

在成本方面，根据生产配合比（水泥：水：乳化沥青 =1.8 ： 4.1 ： 3.0）计算，设每 1 t 乳化沥青冷再生混合料中含有的乳化沥青和水泥用量分别为 m_5 和 m_6：

$$m_5 = 1/（1+0.038+0.03+0.018）\times 0.03 = 0.028 \text{ t}$$
$$m_6 = 1/（1+0.038+0.03+0.018）\times 0.018 = 0.016 \text{ t}$$

在昆玉高速公路路面大修（一期）工程项目中，乳化沥青和水泥总质量分别为 m_7 和 m_8 则有：

$$m_7 = 58\ 689.49 \times 0.028 = 1\ 643.31 \text{ t}$$
$$m_8 = 58\ 689.49 \times 0.016 = 939.03 \text{ t}$$

故乳化沥青和水泥的总价分别为

$$V_3 = 1\ 643.31 \times 5\ 300 = 8\ 709\ 543 \text{ 元}$$
$$V_4 = 939.03 \times 290 = 272\ 318.7 \text{ 元}$$

（三）经济效益分析对比

项目实施前后效果对比：

乳化沥青节省费用为

$$V_5 = V_3 - V_1 = 1\ 244\ 175 \text{ 元}$$

水泥增加费用为

$$V_6 = V_4 - V_2 = 34\ 040.2 \text{ 元}$$

因此进行配合比改进后，总计节约费用 V_7 为

$$V_7 = V_5 - V_6 = 1\ 210\ 134.8 \text{ 元}$$

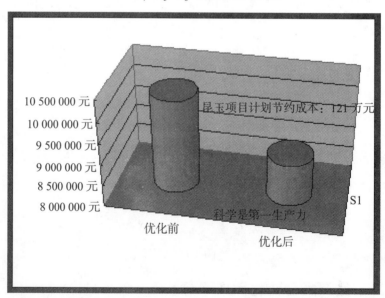

通过对乳化沥青混合料配合比的改进，并经过试验检测验证，该生产配合比可以用于施工，总计节约了费用为 12 101 34.8 元。

（四）社会与环境效益分析

乳化沥青冷再生技术不仅仅具有显著的经济效益，其环境效益和社会效益更是无法用货币衡量比较。项目施工过程无废弃物产生，对旧沥青路面材料循环利用，降低其环境污染，并且减少使用新石料对环境的严重破坏。

乳化沥青冷再生技术是真正的零污染。施工时不必对沥青加热保温，常温拌和不存在沥青烟气排放，不必对新旧集料加热去除排尘危害，减少了对原材料的大量运输，降低能源使用的同时减少运输车辆尾气排放对环境的污染，大大降低开山取石的需要，自然资源得到显著保护。以 1 000 t 沥青混合料施工为例，乳化沥青冷再生技术可以节约柴油能源 57%，降低 55% CO_2 排放量，与热拌沥青混合料对比结果见表 3-36 所示。

表 3-36　冷再生节能减排数据表

沥青路面施工 /1 000 t	柴油能源 /t	CO_2 排放 /t
热拌沥青混合料	6.63	20.12
乳化沥青冷再生	2.84	9.05
节能 / 减排	57%	55%

六、小结

乳化沥青厂拌冷再生混合料作为一种优良的节能型新材料，在各个施工环节中会出现哪些影响质量的因素，针对各种影响因素又采取何种措施加以克服呢？

本书结合云南昆玉高速公路路面大修工程施工现场实际，从旧沥青路面材料的性能评价、配合比的室内设计、并根据室内试验结论进行了二段试验路段的铺筑，从混合料拌制、运输、摊铺、碾压和养生等环节对乳化沥青厂拌冷再生混合料施工影响因素进行了详细的分析，并提出了一些可行的解决办法；分析乳化沥青、水泥、RAP 用量、用水量和空隙率对乳化沥青冷再生混合料各种性能的影响；最后得出以下结论：

（1）再生混合料拌和、压实过程中起润滑作用的是水，包括外加水和乳化沥青中的水及旧沥青料中的水份，乳化沥青中的含水量及旧沥青料中的水分相对固定时，外加水量是影响最佳含水量的主要因素，外加水量与再生混合料毛体积密度和劈裂强度的关系非常大，随着外加水量的增加，再生混合料毛体积密度和劈裂强度均会出现峰值，在达到最佳含水量后再生混合料毛体积密度和劈裂强度均会降低。

（2）最佳含水量确定后，乳化沥青用量的合理性是影响再生混合料劈裂强度的主要因素，当含水量和水泥用量固定时，随着乳化沥青的增加，劈裂强度会不断增大，但达到最佳值后，劈裂强度又开始减小，所以只能是找到最佳用量，而不是越多越好，采用 3% 的乳化沥青用量，1.8% 的水泥用量，铺筑后各项指标均符合《公路工程质量检验评定标准》（JTGF80/1—2004）的相关要求。

（3）最佳含水量、乳化沥青用量确定后，水泥用量的合理性是影响再生混合料水稳定性的主要因素，当含水量和乳化沥青用量固定时，随着水泥用量的增加，水稳定性会得到相应的提高。

（4）拌和对乳化沥青混合料的影响，乳化沥青混合料在成品料斗中 25 s 内就可黏结、难以排除。搅拌必须在这个时间段内完成。搅拌时间过长及强力过度搅拌会导致不稳定的乳化沥青膜从 RAP 料脱落、RAP 料上的旧沥青的剥落、乳化沥青破乳过快等问题。如果搅拌时间过短，会造成再生料裹附性差，出现较严重的花白料。

（5）运输对乳化沥青混合料的影响，运输车辆必须覆盖篷布以防高温或长距离运输水分的蒸发而导致再生混合料乳化沥青提前破乳，装载高度要均匀，以防离析，初次运输的车斗要洒水湿润，每车料装满后，要快速运到摊铺现场。

（6）摊铺机的选择是乳化沥青混合料摊铺成功与否的重要因素，乳化沥青混合料是很蓬松的材料，所以摊铺系数较大，本书采用 1.3 的因数，第一段试验段采用单机作业，导致边缘离析严重，第二段采用二台摊铺机联合作业，铺出后就基本杜绝了离析与不均匀的现象。

（7）碾压对乳化沥青混合料的影响，对于铺筑厚度太薄的乳化沥青混合料不宜采用大吨位的单钢轮压路机进行碾压，只能用胶轮压路机揉压，并且要多揉压几遍。

（8）养生对乳化沥青混合料的影响，逢雨季施工时，必须及时覆盖及时揭开养生膜进行暴晒，以加快破乳速度，尽快形成早期强度。

（9）提出了降低乳化沥青用量、适当增加水泥用量以提高早期强度的形成，而且可节约投资的施工方案。

（10）在云南这样的多雨地区铺筑乳化沥青冷再生的施工质量控制措施。

（11）乳化沥青冷再生技术具有明显的经济效益和社会环境效益。

第四章 稀浆封层下乳化沥青改性技术分析

乳化沥青稀浆封层在国外自20世纪40年代就开始应用，当时是用普通的水泥混凝土搅拌机拌和稀浆混合料，再运送到现场后人工摊铺而成，并且初始采用的是阴离子乳化沥青，破乳成形时间较长，对矿料的要求较高，所以主要是在气候温暖地区使用，并且主要应用在交通量较小的农村道路、居民区、公园小路等。

20世纪60年代以后，对阳离子乳化沥青进行了深入的研究和应用，发现阳离子乳化沥青具有更快的固化时间，原因是乳液和集料之间的反应更快，把阳离子乳化沥青用于稀浆封层具有较短固化时间，并且对矿料的要求也较低。同时美国斯堪道路公司（当时是杨氏稀浆封层公司）研制出了专用的稀浆封层摊铺机，使稀浆封层由手工作业变为机械化作业，从此以后稀浆封层施工得到了广泛的应用。

现在稀浆封层的最新发展是利用聚合物改性沥青乳液铺筑稀浆封层，它分为聚合物改性稀浆精细表面处治（PSW）和用于填补车辙的聚合物改性稀浆封层（PSR），稀浆封层摊铺机也越来越大型化、自动化，能正确控制各种成分的配比，有的还能边摊铺边料连续不间断施工。因此许多国家已经把稀浆封层用于高速公路的预防性养护和填补高速公路的车辙。国际上已经成立了国际稀浆封层协会（ISSA），该协会经常进行各国间的学术交流，推动了稀浆封层技术的发展。同时，美国沥青协会制定了稀浆封层施工手册，美国材料和试验协会ASTM制定了D3910稀浆封层混合料试验和检验标准。这一切都为稀浆封层施工法的规范化提供了足够的依据，使稀浆封层施工法得到了迅速发展。

自"七五"推广乳化沥青应用和"八五"推广稀浆封层技术以来，现在全国大部分省、市、自治区的公路部门都已经在应用稀浆封层，并取得了明显的经济效益和社会效益。应用于稀浆封层施工的慢裂乳化剂和稀浆封层摊铺机国内均有生产。慢裂乳化剂既有阴离子的又有阳离子的，可以满足不同的需求。稀浆封层摊铺机既有自行式的又有拖挂式的，既有高档的又有低档的，用户可根据自己的财力和需要进行选用。

稀浆封层实际上是一种以乳化沥青为黏结料的冷拌沥青混凝土薄层施工技术。它将石料、沥青乳液、水泥、添加剂和水等各种物料，集中载于稀浆拌和机，具有和易性好，施工快捷，密实度高，黏附力强，节省人力、物力，无污染等许多优点。稀浆封层的应用范围很广，它不仅适用于沥青路面，也适用于水泥砼路面。对于提高路面平整度与抗滑性，加铺磨耗层，减少网裂，修补车辙，降低路面透水率有很好的作用，是大规模道路养护的一个重要手段。

1. 稀浆封层技术实践经验

我国从 20 世纪 80 年代中期引进稀浆封层技术，并列为交通部"八五"期间重点推广应用项目，这项技术的引入，填补了我国道路表面薄层施工技术的一项空白。由于它极大地迎合大规模养护工程的迫切需要，很快得到了宝贵的实践经验。

（1）防水作用。稀浆混合料的集料粒径较细，并且具有一定的级配，乳化沥青稀浆混合料在路面铺筑成形后，它能与路面牢固地黏附在一起，形成一层密实的表层，可以防止雨水和雪水渗入基层，保持基层和土基的稳定。

（2）防滑作用。由于乳化沥青稀浆混合料摊铺厚度薄，并且其级配中的粗料分布均匀，沥青用量适当，不会产生路面泛油的现象，路面具有良好的粗糙面，摩擦因数明显增加，抗滑性能显著提高。

（3）耐磨耗作用。由于阳离子乳化沥青对酸、碱性矿料都具有良好的黏附性，因此稀浆混合料可以选用坚硬耐磨的优质矿料，因而可以得到很好的耐磨性能，延长路面的使用寿命。

（4）填充作用。乳化沥青稀浆混合料中有较多的水分，拌和后成稀浆状态，具有良好的流动性，这种稀浆有填充和调平作用，对路面上的细小裂缝和路面松散脱落造成的路面不平，可以用稀浆封闭裂缝和填平浅坑来改善路面的平整度。

2. 稀浆封层技术应用

乳化沥青稀浆封层施工技术在我国还是一项新技术，用于高速公路的维修养护方面还很少。各地在拓宽稀浆封层的应用范围方面做了不少工作，在目前主要用于以下几方面：

（1）旧沥青路面的维修养护。沥青路面由于长期暴露在自然环境下，受到日晒、风吹、雨淋和冻融的作用，同时还要承受车辆的重复荷载作用。路面经过一段时期的使用后，会出现疲劳，路面会呈现开裂、松散、老化和磨损等现象。如果不及时维修处理，破损路面受地表水的侵入，将使基层软弹，路面的整体承载能力下降，导致路面迅速破坏。如果沥青路面在没有破坏之前就采取必要的预防性养护措施，铺筑稀浆封层，将会使旧路面焕然一新，并使维修后的路面具有防水、抗滑、耐磨等特点，是一种优良的保护层，可以起到延长路面用寿命的作用。

（2）新铺沥青路面的封层。在新铺双层表处路面第二层嵌缝料撒铺碾压完毕后，其最后一层封层料可以用乳化沥青稀浆封层代替。由于稀浆流动性好，可以很好地渗入嵌缝料的空隙中去。因此，它能与嵌缝料牢固地结合，又因为稀浆封层集料的级配与细粒式沥青混凝土相似，摊铺成形后，路面外观类似于细粒式沥青混凝土路面，它具有外观和平整度好的特点，并且有防水和耐磨性能。在新铺筑的粗粒式沥青混凝土路面上，为了增加路面的防水和磨耗性能，可在该路面上加铺一层乳化沥青稀浆封层保护层，厚度 5 mm，仅为热拌砂粒式沥青混凝土的一半，可以节省资金，且施工简便，工效显著提高。在新铺筑的沥青贯入式路面或沥青碎石路面上，加铺乳化沥青稀浆封层，可以使路面更加密实，防水性能良好。

（3）在砂石路面上铺磨耗层。在压实整平后的砂石路面上，铺筑乳化沥青稀浆封层，砂石路面的外观具有沥青路面的特性，扬尘，改善行车条件，降低养护费用，提高其抗磨耗性能，可使防止改善养护工人的工作条件。

（4）水泥砼路面和桥面的维修养护。乳化沥青稀浆封层对水泥砼路面具有良好的附着性，当水泥砼路面产生裂缝、磨面、轻微不平整时，采用乳化沥青稀浆封层，可以改善路面的外观，提高路面的平整度，延长其使用寿命。在桥梁面层采用乳化沥青稀浆封层后可以起到罩面作用，且很少堆加桥面的自重。

新建高速公路，在水泥稳定碎石基层上铺筑稀浆封层，以起到封闭基层表面，阻止外界水分的入侵和水分从基层表面蒸发的作用。这种防水膜保证基层材料中水分的平衡以及结合料的强度增长，同时，改性乳化沥青稀浆封层能防止过多的外界水分冲刷基层中的细料，从而防止基层强度散失。

第一节　基于橡胶的乳化沥青改性技术及制备流程

沥青材料是影响稀浆封层质量的关键问题之一。橡胶胶乳改性乳化沥青是进行改性稀浆封层的主要材料，其质量的好坏直接影响着改性稀浆封层的施工质量，为此投入了大量人力、物力进行试验从而生产出了质量合格的改性乳化沥青材料。

一、橡胶胶乳改性乳化沥青制备

聚合物高分子加入乳化沥青中是一个复杂的物理化学过程，其制备的沥青橡胶乳液材料性能的好坏不仅取决于掺配的均匀性，而且与所掺配的改性剂种类、状态、性质有很大关系，也与乳化沥青的乳化剂种类有直接关系。

（一）改性剂的选择

改性剂——橡胶胶乳的主要性能见表 4-1。

表 4-1 改性剂的主要性能指标

项　目	指　标
总固物含量 /（%）	40±2
凝固物含量 /（%）	0.001
pH 值	3 ~ 5
黏度 /（MPa·s），不高于	5
密度（20℃）/（g·cm⁻³）	1.065
表面张力	35 ~ 55

乳化沥青常温下是流动的液体，用一般常用的固体改性材料（如树脂粉、橡胶粉、矿物填充剂以及石棉、岩棉等天然纤维和聚丙烯、聚酯等合成纤维等）很难对乳化沥青进行有效的改性，改性剂应该在常温下也是流动的液体，参阅有关资料和试验研究发现：在乳化沥青中加入橡胶胶乳来达到改性目的比较合适，为此选择了橡胶胶乳作为改性材料。

（二）乳化剂的选择

选用河南漯河市天龙化工有限公司生产的 CMK206 型乳化剂作为主要乳化剂，CMK206 型乳化剂的主要特征：①该种乳化剂适用范围广。曾用这种乳化剂对不同产地，不同标号的沥青进行乳化均可以得到符合标准的乳化沥青。②对原沥青性质无不良影响，在使用剂量一定时延度比原沥青提高。③与各种改性剂具有良好的配伍性。通过试验，发现 CRS-1 型乳化剂和阳、阴离子的各种胶乳都有良好的配伍性，但需要注意与阴离子胶乳进行乳化时添加方式很重要。④慢裂作用与快凝效果明显，用 CMK206 型乳化剂生产的改性乳化沥青进行试验路铺筑发现，其破乳时间可以达到稀浆封层工程技术要求，初凝时间为 5 ~ 20 min，15℃以上一般为 30 ~ 60 min 可以通车。

（三）沥青材料的选择

试验选用广东茂名 70 号 A 级石油沥青，其性能见表 4-2。

表 4-2　广东茂名 70 号沥青三大指标

针入度 /（0.1mm）	延度 /cm	软化点 /℃
65.4	17	51.4

（四）橡胶胶乳改性乳化沥青材料制备工艺

把橡胶掺入乳化沥青中的掺配方法和掺配的先后次序的性能有重要影响，所以在制备时必须要加以仔细考虑，并通过试验来加以确定，橡胶掺入乳化沥青中可以分为两类掺配方法。一类是橡胶为固态，称为固态掺入法，通过试验可以知道，这种掺配方法要加热、分散（甚至有时先要把橡胶粒磨为粉状）搅拌，或者要使用大量昂贵的有机溶剂先把橡胶溶解为液态再掺入，这种固态接入法，无论是从经济效益或环境效益来看都是不可取的，而且制备的难度大，工艺、设备复杂，而且影响橡胶颗粒在乳化沥青中分散的均匀性，对改善乳化沥青不利。而液态掺配方法，则能改善和提高乳化沥青的综合工程性能，由于混溶性良好，所以储存稳定性也好，而液态掺配法可以分为一次搅拌、二次搅拌两种工艺，为了简化工艺，降低设备和降低的成本，试验中采用的是双液接配法一次搅拌工艺。橡胶胶乳改性乳化沥青材料是一种新型材料，它与普通乳化沥青具有相似的性质，但又有区别，若将这种材料应用到实际生产中，以下问题必须解决：①必须有良好的储存稳定性；②必须以较少的投入使材料性能得到较大的提高；③具有工业生产的可行性。

1. 贮存稳定性试验

能否应用到工程实际中去，其贮存稳定性是一个主要问题，根据斯托克斯公式，分散质的沉降速度 V 可以描述为

$$V = \frac{2(D - Do)G}{9\eta} \gamma \qquad (4-1)$$

式中，D，Do ——分散质和分散相的密度；

　　G　　——重力加速度；

　　η　　——分散相的黏度（一般为水，黏度为 0.01cp），由公式（4-1）可知，分散质的沉降速度越大，乳液的稳定性越小，所以乳液的稳定性与分散相的黏度成正比，与密度差成反比，与顺粒半径的平方成正比，研究时综合考

乳化沥青
及沥青改性技术应用研究

虑以下几个因素:

(1)密度差的影响。为了提高乳液的稳定性,选择胶乳时要考虑其与水的密度差。胶乳密度不同的主要原因在于橡胶本身的密度不同,如有些橡胶的密度仅为 0.92 ~ 0.93 g·cm^{-3};有些则较大,其密度可以达到 1.2 ~ 1.24 g·cm^{-3}。由于前者与水密度差要小于后者,所以密度较小橡胶胶乳与乳化沥青接配较易制备成稳定的乳液。

(2)分散相的黏度对贮存稳定性的影响,通过斯托克斯公式可以知道,提高分散介质的黏度对贮存稳定性的提高有利,通过添加增稠剂可以达到提高贮存稳定性的目的。这些增稠剂包括聚乙烯醇、羧甲基纤维素、高分子聚醚、改性淀粉等。

(3)分散相的颗粒大小,而颗粒大小对乳液的贮存稳定性有决定性的影响,为了防止分散相颗粒重新相碰撞而凝结为较大颗粒,除表面活性剂(乳化剂)外,还需要添加一部分电解质。试验证明,电解质的加入,可以提高橡胶胶乳改性乳化沥青材料的贮存稳定性。

通过以上试验结果分析:添加合适的增稠剂、电解质能提高乳液的贮存稳定性,但随之而来的是成本的上升,以及添加剂对橡胶胶乳改性乳化沥青材料性质的影响等。因此认为,即使经过一段贮存,稍有分层现象,经过机械作用又重新混合均匀,并能保持一段时间,只要能满足施工需要,其他外掺剂就可以少加或者不加。

2. 性能试验

(1)低温性能试验。橡胶胶乳添加量对低温延度的影响,以橡胶胶乳为改性材料,用 CMK206 型乳化剂制备橡胶胶乳改性乳化沥青材料,测定其低温延度,制备其蒸发残留物时为尽量减少温度的影响采用真空干燥法,试验结果见表 4-3。

表 4-3 蒸发残留物延度试验结果

改性剂掺量 / (%)	0	2.0	4.0	6.0	8.0
5℃延度 /cm	-9.2	6.3	8.1	20.0	15.0

橡胶胶乳添加剂对低温脆点的影响,添加改性剂可以明显地降低沥青的脆点,试验结果见表 4-4。

表 4-4 蒸发残留物脆点试验结果

改性剂掺量 / (%)	0	2.0	4.0	6.0	10.0	16.0
脆点 /℃	-9.2	-15.3	-20.0	-21.0	-22.3	-28.0

130

综合经济和技术两方面的因素，改性剂的最佳掺量一般为 2% ～ 4%（均以纯量计算）。

（2）高温性能试验。除了低温延度和脆点反映的优点外，用其他方法也可以评价其性能的改变。针入度有所下降与软化点有所提高，反映了高温稳定性有明显改善，高温流淌试验也能反映高温稳定性的提高。试验方法是：取两个 15 cm×10 cm 的瓷片，在其一端分别涂上 2 cm 宽、10 cm 长、3 mm 厚的普通乳化沥青的蒸发残留物和蒸发残留物，然后放在烈日下照射，当外界气温为 36℃，瓷片与水平面夹角 85° 时，试验结果为：普通乳化沥青在阳光的照射下流淌 7 cm，橡胶胶乳改性乳化沥青在阳光的照射下整体下滑 0.5 cm。

（3）耐久性能试验。在两块 30 cm×30 cm 的玻璃板上，分别涂上一定量的普通乳化沥青和橡胶胶乳改性乳化沥青材料，平置于阳光下，使其破乳水分完全蒸发成膜。将两块玻璃板同时放入恒温干燥箱内，在 60℃ 条件下加热 24 h，然后放入 −20℃ 的冰箱中冷冻 24 h，如此反复加热冷冻 28 d。普通乳化沥青材料膜均匀地布满网状裂缝，改性材料膜表面呈现细微网状皱纹，在低温下分别用刀片切削膜面，前者削出沥青粉末，后者切出花状片屑，再反复加热、冷冻至 60 d，普通乳化沥青材料裂缝继续加深，橡胶胶乳改性乳化沥青材料仍然没有网裂现象出现。

3. 混合料性能试验

（1）混合料的拌和稳定性。为了用改性材料来完成稀浆封层的摊铺施工，要求稀浆混合料具有拌和稳定性（一般要求破乳时间大于 1 min），而施工后还要达到快速开放交通的目的，影响拌和稳定性的关键因素在于乳化剂，同时拌和温度、乳化剂用量、助剂用量、骨料级配等均有影响，经过详细的试验研究，找出了在各因素影响下的综合最佳条件，并成功地完成了试验路铺筑任务。

（2）混合料的性能。为了能够测定出混合料的性能，根据乳液拌和及试件制作的特殊性，选择单轴压缩和弯拉试验。

1）高温稳定性。把混合料倒入直径 50 mm×50 mm 试模中，在 10 kN 压力下制成试件，然后将试件置于 60℃ 恒温干燥箱内至恒重，分别测出其 60℃ 与 20℃ 的单轴抗压强度 R_t，由公式

$$K_t = R_{60}/R_{20},$$

计算热稳定性系数 K_t，可以看出混合料热稳定性明显较普通乳化沥青材料高。

2）低温抗裂性。分别将普通乳化沥青混合料与橡胶胶乳改性乳化沥青混

合料制成 50 mm × 50 mm × 200 mm 试件，在 –15℃条件下进行弯拉强度试验，结果见表 4–5。

表 4–5　混合料弯拉强度试验结果

项　目	弯拉强度 /MPa	最大弯拉应变 με	弯拉破坏劲度模量 /MPa
乳化沥青混合料	4.30	0.4	10.2
橡胶胶乳改性沥青混合料	5.1	0.96	5.30

从试验结果可以看出，橡胶胶乳改性乳化沥青混合料抗弯拉强度、最大弯拉应变比普通化沥青浊混合料提高，而弯拉破坏劲度模量降低，说明橡胶胶乳改性乳化沥青混合料的低温抗变形能力提高。

二、橡胶胶乳改性乳化沥青质量检验指标和结果

对橡胶胶乳改性乳化沥青材料室内试验检验其质量指标，试验参照日本掺配聚合物改性沥青乳液质量标准（JEAAS）进行，具体检测项目及检测结果见表 4–6。

表 4–6　质量检验指标和结果

项　目		标准值	沥青橡胶乳液材料实测值
乳液标准黏度 /s		10 ~ 20	15
筛上剩余量（1.2 mm）/（%）		不高于 0.3	不高于 0.3
拌和稳定性		不低于 1 min	不低于 1 min
黏附性		不低于 2/3	不低于 2/3
蒸发残留物含量 /℃		55	61
微粒高子电荷		阳（+）	阳（+）
蒸发残留物的性能	针入度（25℃）/0.1 mm	60 ~ 100	71
	延度（15℃）/cm	不低于 20	45
	延度（5℃）/cm	不低于 8	8.3
	软化点 /℃	不低于 48	49.5

三、小结

通过室内试验研究，可以看出，沥青橡胶乳液材料即发挥了橡胶的优势，又保持了沥青的黏弹性，是一种具有良好路用性能的结合料，表现在以下三

方面。

（1）沥青橡胶乳液材料与普通乳化沥青相比，具有良好的高温稳定性、低温柔韧性，对高温时的变形有较高的抵抗力、能保证路面不变形，不推移，在低温时由于沥青橡胶乳液材料的低温延度大，脆点低，因此具有较高的抗裂性。由于低温时其劲度低，所以裂缝的自愈能力也较高。

（2）反复的冻融试验与高温加热试验表明，沥青橡胶乳液材料的老化进程较一般乳化沥青缓慢，改性剂的加入，提高与改善了沥青材料的耐久性与抗老化能力。

（3）通过三个试验路段，不同路面结构类型的改性稀浆封层铺筑，说明了两个问题：一是沥青橡胶乳液材料完全能适应国际上新一代的改性稀浆封层机械与施工工艺，具有良好的施工工艺性；二是通过对试验路的观测说明，沥青橡胶乳液材料完全能对高等级公路进行快速、有效、经济的养护，为我国高等级公路养护推出了一种全新的材料，填补了国内的空白。

第二节　稀浆封层下改性乳化沥青的使用方式

乳化沥青稀浆封层是采用适当级配且满足一定技术参数要求的砂石材料作为骨料，选用改性乳化沥青材料为结合料，再加入适量的粉料、水和外加剂材料，在改性稀浆封层摊铺机内按设计比例配制成具有一定和易性的稀浆混合料，摊铺在路面结构层表面，形成一种类似沥青表面处治。该项新技术适用于填补车辙、治理裂缝，可以明显地改善路面的防水性、平整性和抗滑性能，可以提高路面的耐久性、安全性和行驶舒适性。该项技术具有施工速度快、封闭交通时间短、韧性和耐久性好、技术经济比值高等特点。因而，近年来，该项技术在国际上得到了迅速的发展，而在我国则应用较少。

一、改性乳化沥青稀浆封层技术特性

改性稀浆封层之所以能成为一项被公路工程界的专家学者们所关注的新技术，其主要原因是它与普通稀浆封层相比具有许多明显的特性。改性稀浆封层与普通稀浆封层相比，改性稀浆封层技术除具有普通稀浆封层技术所有的特性（流动性、防水性、填充性和抗滑、耐磨性）外，还具有以下几个明显的特性：

（1）施工进度快，封闭交通时间短。在改性稀浆封层乳液材料生产时，选用慢裂快凝型阳离子乳化剂产品，则能够在摊铺 30 min 后开放交通，而且这段时间还可以根据工程需要进行调整，最快可以提前到 15 min。该项技术为大交通量或不可以中断交通的路段进行维修养护提供了一种可行的方案。

（2）可以修补路面车辙，改善行驶舒适性。若选用优质的且适当级配的改性稀浆封层混合料，并采用改性稀浆封层机具及辅助设备就可以修补高等级路面车辙病害。该项技术为高等级公路和重交通道路的车辙维修提供了一种行之有效的施工方法。

（3）可以治理路面裂缝，提高路面耐久性。若在旧路面上加铺较厚（10～30 mm）的改性稀浆封层，则能够修补旧路面上裂缝病害，并可以明显提高封层的耐久性，从而延长旧路面的使用寿命。

（4）可以提高路面的抗滑性能，同时降低行车噪音。若在旧水泥砼路面上加铺一层改性稀浆封层，则可以治理路面磨光，从而可以提高路面抗滑能力，保证行驶的安全；若在新水泥砼路面上加铺一层改性稀浆封层，则可以改善路表几何纹理，同时降低行驶噪声，从而改善行车舒适性，该项技术为水泥路面预防性养护提供了一种有效的技术方案。

二、改性乳化沥青稀浆封层技术用途

改性稀浆封层除了可以作为路面表处方案外，还可以进行桥面处理，尤其在高等级公路和市政道路的维修养护中更能体现出该面新技术的特性。改性稀浆封层技术的用途可以归结为以下几点：

（1）沥青路面表面处治。在旧的沥青砼路面上加铺改性稀浆封层，可以治理沥青路面裂缝，明显提高沥青路面的耐久性和使用性能；在新铺贯入式路面结构层上或在新铺的粗粒式沥青砼面层上加铺改性稀浆封层，可以提高路面防水性，从而延长路面的使用周期，降低养护维修成本。

（2）水泥砼路面表面处治。在旧水泥砼路面上加铺改性稀浆封层可以对脱皮、麻面、磨光、微裂缝等病害进行有效处治；在新铺的水泥砼路面上，尤其在碾压砼路面上加铺改性稀浆封层，既可以改善行车条件，降低行驶噪声，增加乘客舒适感，又可以达到预防性养护的目的。

（3）桥面处理。在旧桥面上加铺改性稀浆封层除了可以明显改善行车条件外，还可以在相对减少桥面铺装自重的情况下，对桥面病害进行有效处治；在新桥面上加铺改性稀浆封层，可以显著提高桥面铺装层的防水性（尤其在对城市高架桥）和桥面韧性，从而可以延长桥梁寿命。

（4）其他用途。改性稀浆封层还可以在市政道路、厂区道路、停车场、广场、球场以及飞机场等场所使用，它可以美化工作环境。

三、改性乳化沥青稀浆封层材料组成和基本要求

（一）改性稀浆封层混合料组成

优质的稀浆封层来源于符合一定技术参数要求的各种优质原材料和最佳材料组配，从这个意义上可以这样讲，没有优质的原材料就不可能达到优质的改性稀浆封层结构，所以改性稀浆封层各种材料的严格选择和稀浆混合料最佳组配的确定至关重要。

云南昆玉高速公路路面大修（一期）工程，所用改性稀浆封层混合料由骨料、改性乳化沥青、矿粉和水四种基本原材料组成，混合料基本组成配比见表4-7。

表4-7　改性稀浆封层混合料基本组成配比

材料名称	骨　料	改性乳化沥青	矿　粉	水
组成配比/（%）	77	12	1	10

针对具体实施方案而言，混合料的基本组成配比应该通过室内试验来确定。

1.改性乳化沥青材料

改性乳化沥青材料是聚合物改性阳离子型乳化沥青材料的简称，在实施方案中选用的是沥青橡胶乳液材料（简称"沥青橡胶乳液材料"）。该种材料尽管仅占改性稀浆封层混合料的10%～20%，但是它的技术性能优劣将直接影响改性稀浆封层技术的成败。试验研究表明，乳化剂、改性剂、沥青材料这三者各自的性能和相互的匹配是决定沥青橡胶乳液材料路用性能的关键因素，其中乳化剂若选用慢裂快凝型阳离子乳化剂，才可能达到快速（1 h内）开放交通的目的，若改性剂与乳化剂匹配不当则可能达不到乳化沥青改性的目的，另外改性剂的掺配工艺也是影响沥青橡胶乳液材料路用技术性能指标的关键因素之一。改性剂的掺量是决定改性稀浆封层技术经济的关键参数，经过反复试验，认为改性剂最少掺量应该不低于2.0%，最大掺量不要超过10.0%，若改性剂掺量太低不能改善沥青橡胶乳液材料的性能，若掺量太高会增加材料的成本。采用改性稀浆封层技术方案进行高等级公路养护维修，要求所选用的沥青材料要满足有关重交通路用沥青材料的相应技术指标要求。

2.骨料

骨料的质量直接影响稀浆混合料和改性稀浆封层的有关技术性能指标，骨料的级配、坚韧性、抗压碎能力和清洁度是骨料选择的重要参数。只有采用符合一

定级配要求的骨料，才能形成密实、稳定的稀浆封层混合料。骨料的最大粒径一般应接近封层厚度，一般只要能满足普通稀浆封层技术要求的骨料均可以应用到改性稀浆封层中，但是，若采用该项技术作为高等级公路或重交通道路能及市政工程的养护维修方案，应该选用优质的骨料，至于骨料的类型和级配的选择应该取决于维修养护的具体方案和封层的特性。若改性稀浆封层摊铺厚度超过 10 mm 时，建议采用特粗层型骨料级配或双层摊铺工艺。当铺筑厚度大于 30 mm 时，骨料选用何种级配有待进一步研究。表 4-8 给出了特粗层型骨料级配。

表 4-8　ES-2 型骨料级配

筛孔 /mm	13.2	9.5	4.75	2.36	1.18	0.6	0.3	0.15	0.075
通过百分率/(%)	100	95 ~ 100	75 ~ 95	70 ~ 80	50 ~ 60	40 ~ 50	20-30	10 ~ 20	0 ~ 10

3. 填料

改性稀浆封层混合料中的填料，已经不仅单是用于填充稀浆封层混合料空隙的材料，填料可以与乳液中的水发生作用，从而既可以调节稀浆混合料的稠度，又可以提高封层的强度和耐久性，因此改性稀浆封层的填料最好选用普通硅酸盐水泥，也可以选取磨细粉煤灰代替。但替代量最好不应超过填料总量的 50%。填料的掺量应由两方面的因素来决定：一方面是与封层级配类型和养护维修方案相适应；另一方面是改性稀浆封层的施工和易性，昆玉大修项目采用的是矿粉。

4. 水

水在改性稀浆封层混合料中的作用及其数量是不能忽视的，在拌和、摊铺过程中控制适宜的加水量是保证稀浆封层混合料的稠度和摊铺效果以及破乳时间的重要前提，也就是说慎重控制用水量是保证稀浆封层混合料质量的重要因素之一。普通稀浆封层混合料的用水量可以通过稠度试验结果来确定，而改性稀浆封层混合料的用水量则很难直接采用稠度试验方法来确定，主要原因是改性稀浆混合料破乳成型速度快，通常完不成一个稠度试验过程就可能破乳了。采用什么方法能更有效地确定改性稀浆封层混合料的用水量和填料用量，还有待于进一步的试验研究。

四、改性乳化沥青稀浆封层的施工机具

改性乳化沥青稀浆封层的施工主要靠改性稀浆封层机。改性稀浆封层机是用来将适宜级配的骨料、填料、改性乳化沥青和外掺剂及水等原材料，按一定比例掺配、拌和、制成均匀的稀浆混合料，并能自动控制按设计要求厚度摊铺

在相应的结构层上。以上整个过程是在连续的配料拌和的情况下进行稀浆封层施工的，这种施工技术既可以保证摊铺质量，又可以提高施工效率。改性稀浆封层机是改性稀浆封层施工中必不可少的专用施工机具。

（一）改性稀浆封层机特征

改性稀浆封层技术的发展与改性稀浆封层机的发展密切相关，可以肯定地说，没有改性稀浆封层机就不可能使改性稀浆封层技术能在工程实践中应用，改性稀浆封层机与普通稀浆封层机相比，虽然两者都有相似的设备安装在一台载重车上，但是其中的拌和系统和摊铺系统的结构已经有很大的差别。通过路试铺筑实践证明，改性稀浆封层机可以取代普通稀浆封层机，而普通稀浆封层机不能完成改性稀浆封层机的摊铺技术功能。改性稀浆封层机与普通稀浆封层机相比主要差别有三方面：

（1）拌和系统结构不同。改性稀浆封层机拌和系统采用双轴叶片式拌和，这种结构具有拌和能力强，时间短，功率高，而且拌和均匀性好等特点，而普通稀浆封层机拌和系统结构采用单轴螺旋式叶片拌和。

（2）摊铺系统结构不同。普通稀浆封层机的摊铺箱内设有一组横向螺旋分料器，而改性稀浆封层机的摊铺箱内设置了两组或三组螺旋分料器，多组分料器结构可以更快地将稀浆混合料均匀摊铺在相应结构层上。

（3）整机动力配置不同。为了能满足双轴强制式拌和稀浆混合料和多组螺旋式分料器摊铺的需要，改性稀浆封层机动力配置是普通稀浆封层机动力的 3 倍。

（二）改性稀浆封层机主要技术参数

徐州工程机械制造厂与德国韦西格公司合作，已经把 SOM1000-2 型稀浆封层机引进并国产化，该机不仅可以用于普通稀浆封层，还可以用于改性稀浆封层，该机可以连续给料、连续拌和、连续摊铺、并可以集中控制、自动配料、全液压驱动。

表 4-9　国外改性稀浆封层机主要技术参数

型　　号	HD-10 型瑞典	SOM1000-2 型德国	SOM1000-3 型德国	12 型美国
骨料贮存箱 /m³	8	6	10	10
乳液贮存罐 /m³	2.8	2.5	3.75	850 加仑[①]
水贮存罐 /m³	2.3	2.0	3.0	850 加仑
填料贮存罐 /L	283	600	600	600

续 表

型 号	HD-10 型瑞典	SOM1000-2 型德国	SOM1000-3 型德国	12 型美国
外加剂贮存罐 /L	189	600	600	150 加仑
车身长度 /mm	6 604	6 300	8 500	700
车身宽度 /mm	2 438	2 500	2 500	2 500
车身高度 /mm	1 930	1 820	1 820	1 930
载重量 /kg	25 000	19 500	30 000	30 000

注：1加仑=3.785 33 L。

表 4-10 国产改性稀浆封层机主要技术参数

部件名称	技术参数	部件名称	技术参数
骨料斗容积	8.0 m^3	生产率	1 800 ± 200 kg · min^{-1}
填料斗容积	0.6 m^3	外形尺寸	（7.3 × 3.5 × 1.8）m
乳液箱容积	2 500 L	自重	8 540 kg
水箱容积	2 000 L	载重	32 000 kg
外加剂箱容积	600 L	最高时速	59.8 km · h^{-1}

五、改性乳化沥青稀浆封层施工技术要点

改性稀浆封层施工具有较普通稀浆封层施工用明显的优点，在云南省昆玉高速公路路面大修工程施工中，在施工工艺和施工技术以及施工效果方面取得了较为满意的效果。

（一）施工路段概况

昆玉高速公路属于国家高速公路（G8511）的联络线，起于昆明市官渡区鸣泉村互通式立交、终点位于玉溪高仓，路线全长约86.3 km。1997 年 11 月正式开工建设，1999 年 4 月建成通车，为全封闭、全立交、双向六车道高速公路，设计行车速度 100 km · h^{-1}。

自 2006 年开始，由于交通量的日益增加以及超负荷运行，路基、路面有不同程度的损坏，部分路面出现裂缝、坑槽、唧浆、车辙、泛油等病害。大大降低了道路的使用功能，影响了行车的舒适性和安全性。鉴于此，昆玉高速公路开发有限公司决定对昆玉高速公路昆玉方向 K54+300—K78+000 段，长23.70 km、玉昆方向 K54+000—K78+000 段，长 24.0 km 内路面进行大修（含

匝道工程）。其中，乳化沥青稀浆封层（ES-2）436 759 m²。

（二）乳化沥青稀浆封层（ES-2）铺筑方案

为了验证改性乳化沥青及其混合料的优良使用性能，拟定昆玉高速公路采取改性稀浆封层这一施工技术进行铺筑工作，其方案如下。

1. 材料的选择

本着立足国内，就地取材的原则，各种材料都要经过严格的试验、筛选和检测，不合格的不用。

2. 施工要点

（1）施工前对原路面的严重病害（如龟裂、沉陷等）进行处治，并符合《公路养护技术规范》的要求，将路面杂物及灰尘清扫干净。

（2）施工机具的检查和调试，以确保施工时正常运转，同时把各种材料运到施工现场。

（3）操作过程中，要求操作手技术熟练并与司机紧密配合，发现问题及时排除。

（4）施工过程中车速要匀速行驶，各种物料要保持连续，严格控制物料配比，摊铺时发现漏铺，厚度不匀或跑浆现象应及时修补或调整，确保施工质量。

（5）施工中特别注意纵横接边的平整密实及幅与幅的外观颜色的一致性。

（6）掌握开放交通时间，并指挥车辆开放交通。

（三）铺筑材料和机具

1. 铺筑材料

（1）沥青。采用广东茂名 70#A 级沥青，主要技术指标见表 4-11。

表 4-11　沥青主要技术指标

项目	针入度 /（0.1mm）	软化点 /℃	延度（10℃）/cm
茂名 70#	65.4	51.4	17

（2）改性剂。改性剂采用橡胶胶乳，主要技术指标见表 4-12。

表 4-12　改性技术指标

指标名称	指 标
总固物含量 /（%），不低于	40
凝固物含量 /（%），不高于	0.001

续　表

指标名称	指　标
黏度，不高于	10
密度 / (g · cm^{-3})	1.065
表面张力 / (mN · m^{-1})	35 ~ 55
pH 值	3 ~ 5

（3）乳化剂。采用河南漯河市天龙化工有限公司生产的 CMK206 型慢裂快凝型乳化剂。改性乳化沥青技术指标见表 4-13。

表 4-13　改性乳化沥青技术指标

乳化剂量 /（%）	沥青含量 /（%）	改性剂量 /（%）	pH 值	贮存稳定性
1.4%	63%	4.0%	3 ~ 4	合格

（4）矿料。采用矿石厂矿料，共选用三种集料，即 0.4 ~ 1.0 cm 集料、0.3 ~ 0.6 cm 集料以及 0.3 cm 以下漏筛矿粉。

（5）填料。采用玉溪市荣滇建材有限公司（矿粉）。

2. 铺筑机具

该路试使用徐州工程机械制造厂生产的 S0M1000-2 型全自动全液压稀浆封层机。

（1）基本装置：矿料箱总成包括传送带和出料门；乳液箱总成包括无级变速乳液泵；水箱总成，包括直接驱动的离心泵和计量液量计；填料箱总成，包括螺旋计量器及搅拌器，两者独立液压控制；双轴搅拌器，可以无级调速，反向逆转；摊铺箱；其他，包括液压系统、电气系统、发动机和底盘等。

（2）主要技术参数：矿料箱容积 8.0 m^3；填料箱容积 0.6 m^3；乳液箱容积 2 500（L）；水箱容机 2 000（L）；添加剂箱容积 600（L）；生产率 1 600 ~ 2 000 kg · min^{-1}；外形尺寸（长 × 宽 × 高）7 300 mm × 2 500 mm × 3 250 mm；底盘型号，斯太尔 1 481 × 280/6 × 4 034；摊铺箱，摊铺宽度 2.5 ~ 3.5 m，摊铺厚度 4 ~ 30 mm；发动机，型号 HATZ4L40C，功率 47 kW/2 700 r · min^{-1}；冷却形式，风冷，耗油率 260 g ·（kw · h）$^{-1}$；启动电机，24 V 直流，最大功率 4 kW；最大行驶速度 58 km · h^{-1}；整车满载重量 3 200 kg。

3.铺筑工艺

（1）施工前准备。

1）检查、调试稀浆封层机。施工前检查稀浆封层机的油泵、水泵系统、油和水管道、各控制开关有无故障，如有异常现象及时修理，检查矿料皮带输送机、水泥供给器、稀浆拌和机、箱形摊铺槽、液压传运系统，控制调整等是否处于正常状态，否则不能开工。

2）稀浆封层机的计量和标定。使用前对稀浆封层机各种物料输送量进行标定，需要标定的曲线有矿料标定曲线、乳液标定曲线、水泥标定曲线、添加剂标定曲线、水量标定曲线。

摊铺组成设计。设计摊铺厚度为 1.0 cm，宽度为 3.5 m，各组分之间比例为细集料：矿粉：乳化沥青：水 =99%：1%：12.2%：10%

（2）施工摊铺。

1）清扫路面。封闭交通后、清扫原路面上泥土、杂质及其他附着脏物，并且洒水冲洗，提高稀浆封层混合料与原路面的黏结。

2）洒黏层油。若是水泥混凝土路面，先洒一层黏层油。

3）标划导线。摊铺前沿稀浆封层前进方向放出导线以便铺幅顺直，接幅平顺。

4）摊铺施工。摊铺时先将摊铺箱厚度调整装置适当调整，然后根据组成设计，把设定的各种物料流量控制打开，进行拌和、摊铺，并随时观察浆体状况，调节水和添加剂剂量，使混合料保持合适的稠度，从而保证摊铺的平整度，均匀性和不跑浆等外观质量，如果出现漏铺或不足及过厚等情况应该及时调整并修补，要保证纵向接幅过渡自然，横向搭接平整。

5）早期养护。改性稀浆封层铺筑后，在没有达到初凝时间时严禁车辆通行；初凝后，半小时内对通行车辆要限速行驶，严禁刹车、起步。

整个试验路摊铺过程中效果基本与室内试验相符，摊铺时混合料体浆状态良好当混合料初凝后，压挤路面有清水析出，开放交通时，行车碾压出两道水道，无车辙痕迹，封层整体强度，平整密度，粗糙度明显提高，与原路面黏结牢固。

六、技术经济效益分析

橡胶胶乳改性乳化沥青材料用于改性稀浆封层，有许多优越性，除了具有普通稀浆封层的性能外，由于它自身有较好的弹性和高低温性能，因而能够减少路面网裂等病害以提高好路率，同时可以减轻水泥路的行车噪声，提高行车的舒适感。

由于改性稀浆封层类似细粒式沥青混凝土，因此，它具有较好的防水性和防滑性，所以，可以防止路面病害的发生，抑制病害的扩散，同时可以提高行车的安全感，减少事故的发生。

改性稀浆封层可以提高路面的使用性能，路面平整度的提高，减少了车辆部件的磨损，同时提高车速，降低了运输成本。

改性稀浆封层由于自身材料优越性，可以在高等级公路，国省干线公路和交通特殊设施上进行有效作业，例如：桥面铺装、隧道铺设及飞机场跑道养护维修等。

与热沥青筑路相比，可以节省能耗 30% ~ 50%，节省沥青 10% ~ 20%，延长施工季节 1 ~ 2 个月，改善了施工条件，减少了环境污染。

改性稀浆封层造价虽然比普通稀浆封层略高些，但从路试结果看，改性稀浆封层具有开放交通早，能防止和减少路面病害提高好路率，延长公路寿命等社会效益与经济效益，因此，从技术经济观点来说，它略高于普通稀浆封层的价格缺点是完全可以得到弥补的。

七、施工技术总结

（一）施工体会

（1）改性稀浆封层在高等级公路施工中基本获得了成功。由于改性材料是新材料、新技术，采用的是新机具、新工艺，在施工之前，结合室内研究成果，考虑影响施工的各种因素，对路段的选择、材料的选用、机具的准备、人员的安排、铺筑路段的检测等制定出了较为科学的施工方案，所以取得了较满意的效果。

（2）掌握和运用改性稀浆封层新技术的施工，需要有一支高素质的施工队伍，施工中的技术人员和机具操作人员的技术高低和操作水平，直接关系着施工的效果，对影响施工质量的各种因素和施工中出现的各种问题，应该能及时发现并采取有效措施加以解决。

（3）改性稀浆封层在施工中需要有一套科学的管理方法和相应的管理制度，因为从人员的配备、材料的准备、机械的运转、现场的一套科学的管理方法和相应的管理制度是十分必要的。

（二）施工小结

乳化沥青改性和施工技术是较为先进的，主要表现在：①由于改性材料的乳化剂采用的是 CMK206 型慢裂凝型乳化剂，所以改性稀浆封层比普通稀浆封层施工后的固化时间大为缩短，橡胶改性混合料在通常情况下 30 min 以内即可以固化，普通乳化沥青混合料，固化时间即使是在夏季施工后也需要 4～6 h 以上，橡胶改性乳化沥青材料为在高等级公路施工创造了必要的条件，同时也克服了普通稀浆封层施工后交通控制难的致命弱点。②施工采用的全自动全液压稀浆封层机，在国内目前是较为先进的，自动化程度高，生产效益高，这就为繁重的公路养护工作提供了有利条件。

施工的效果是比较明显的。经过夏季和冬季的观察和测试，在昆玉高速公路上，改性稀浆封层与水泥混凝土路面黏结至今是完好的，尚未发现脱皮现象而且对减轻行车噪音起到明显作用；网裂病害比施工前分别减少 13% 和 9%，龟裂病害也大为减少，路面的平整度和抗滑能力均有不同程度的提高。此次施工达到了预期的目的，取得了较为满意的成果。

（三）施工路面观察结果

（1）使用普通乳化沥青材料铺筑的路面与改性材料铺筑的路面在夏季的泛油情况明显不一样，普通沥青材料泛油明显看上去有些油量偏大，而改性材料泛油则不明显，测其平整度会发现改性材料铺筑的路面要优于普通乳化沥青材料铺筑的路面，在冬季观察路面的裂缝会发现用普通乳化沥青材料铺筑的路面裂缝数量多、面积大，而改性材料铺筑的路面裂缝纹细、数量少。

（2）新铺路面比原路面裂缝明显减少、减轻，裂缝比原来变窄、变短、变细。原来很经的裂缝被稀浆封层渗透后不再反射表层，网裂和龟裂缝纹程度有所减少，但仍然能明显反射到表层。

（3）新铺路面看上去比较平整，表层构造深度比较好。

（4）原路面沉陷起伏较大的地段铺筑封层后仍然能显现出来原样子。

（5）封层与原路面结合很好，没有隔离分层现象。

（6）与水泥砼路面黏附性良好，无脱皮分层现象。

橡胶胶乳改性乳化沥青是一种高温抗变形、低温抗缩裂、性能优良的道路建筑材料。采用改性稀浆封层，可以为高等级公路日常维修养护提供一套可行的方案；改性稀浆封层是一种施工新技术，可以提高路面的耐久性，改善行车舒适性，提高路面的抗滑性，增强行车的安全性；使用改性稀浆封层可以治理裂缝、网裂，提高路面的抗缩裂性，增强路面的密封性；使用改性稀浆封层对于因基层强度不足而引起的龟裂、沉陷、反射裂缝等严重病害有减轻、缓解作用。

八、结论

（1）改性稀浆封层技术是在普通稀浆封层技术的基础上，对稀浆封层混合料和稀浆封层摊铺机具两个方面进行改进，以便于达到加快施工进度、缩短封闭交通的时间，改善稀浆层耐久性、韧性和抗变形能力等目的，改性稀浆封层技术在公路和市政道路养护工程中，尤其在高等级公路养护工程中更能发挥它的特性和效益。

（2）改性稀浆封层机是改性稀浆封层施工中必不可少的专用施工机具，工程实践证明，改性稀浆封层机可以取代普通稀浆封层机，可是普通稀浆封层机不能完成改性稀浆封层机的摊铺功能，两者相比，主要区别在于拌和系统、摊铺系统和机组的动力配置三方面，此外在辅助设备和控制系统方面也有所不同。

（3）改性稀浆封层尽管可以摊铺较厚的表面处治结构，但它仍然属于一种薄层养护维修技术，因此，当路面结构层不能满足有关强度技术指标要求时，不能选用改性稀浆封层方案去维修补强。

（4）改性稀浆封层是新材料、新机具和新工艺三者复合技术，要想把全面技术应用到工程实践中去，必须建立从原材料筛选到最佳配比试验、配套机具检修标定、摊铺操作控制等一系列的自检自控制度，有了完整的自检自控保证体系才可能成功地进行改性稀浆封层施工，如果忽视了某一方面的自检自控，就有可能造成大面积的失败。

（5）由于橡胶乳液具有高温稳定性和低温抗裂性等优点，其混合料可用于稀浆封层施工，通过三条路段的路试，改性稀浆封层将为今后高等级和国省干线公路的养护工程提供了广阔的前景。

（6）由于改性乳化沥青稀浆封层是一种新技术，因而从改性乳化沥青的生产到施工、矿料的选择到科学的配比、机具的性能掌握到操作熟练程度，以及施工工艺都存在一些问题，有待今后进一步探索和研究。

（7）建议继续研究制定改性乳化沥青稀浆封层施工技术规范和橡胶乳液材料的试验规程，使橡胶胶乳材料及改性乳化沥青稀浆封层施工技术在公路建设和公路养护中发挥更大的作用，产生更大的经济效益和社会效益。

第五章　基于微表处的乳化沥青改性技术研究

2006 年，我国高速公路突破 3 万千米，居世界第二位，这是可喜的成就。但我国的高等级公路沥青路面，早期修建的已经使用了十多年，相当一部分也已经使用了六年以上。按照国外的一般经验，公路在交付使用后长则五六年，短则三四年，表面层即需要维修罩面一次。而我国由于传统"重建轻养"的观念的影响，尤其是开放交通后交通量增长迅速、超载严重等种种原因，因此一些高等级公路出现较严重的早期损坏，使得维修养护工作更为提前。也就是说目前我国已经存在很多"亚健康"的沥青路面，这些沥青路面整体结构并未发生严重破坏，但表面层由于沥青老化或其他原因已经出现坑槽，局部松散、剥离、开裂等病害，急需进行矫正性维修养护，以确保行车安全和良好的路况。部分沥青路面虽然并未出现明显的病害，但表面层由于沥青老化和车辆行驶产生磨耗使其抗滑等功能严重丧失，如不及时进行养护，将造成沥青路面的加速破坏，并影响行车安全。此类路面需要在破坏前采取预防性的养护措施，以达到事半功倍的目的，确保良好的路容路况。

另外，我国仍然存在部分 20 世纪八九十年代修筑的水泥砼路面，目前已经出现相当严重掉边缺角、胀缝裂缝破坏、碎裂等病害，降低了路面的强度、平整度、抗滑性能，降低了道路通行能力，甚至危及行车的安全。这些路面由于缺乏资金或其他原因，未能进行大面积的沥青加铺，或由于种种原因，暂时不宜做全面彻底的改造。这些路面，严重影响交通和安全，因而需要经济的、易行的处理措施。

乳化沥青，乳化沥青改性微表处及雾封层等是解决以上问题，进行路面快速维修的有效途径。应用乳化沥青改性及其成套技术进行路面维修养护经济实用，能节省投资，及时改善道路行车条件，延长旧路使用寿命，减少交通堵塞，改善行车条件以及改善路容路貌。

145

第一节　乳化沥青微表处改性技术现状

路面使用寿命不同于建筑结构及其他城市基础设施，按照我国规范和世界各国经验，高级路面设计寿命为 15 年左右。大规模建设时期路面质量不可避免地存在各种技术问题，我国高速公路和城市快速路与主干道路面使用寿命实际上仅为 7～10 年。路面如果缺少必要的维修养护而破坏，事实上相当于资产折旧，以广州市为例，这样的资产折旧相当于每年数十亿元的公共资产流失。若干年后，为了维护现有道路网正常运行，每年需要以不低于资产流失速度的资金用于道路路面的加铺改建。美国每年用于建成道路网路面维修的经费已经超过政府财政收入的 10%，这是一个极其惊人的财政数字。

怎样才能延长路面的使用寿命，减少路面的大规模维修，减少道路路面的维修养护成本，以有限的维护资金确保城市道路良好的路容，实现维护资金的可预见性与计划性，最大限度提高路面的完好率，尽量维护路面使用质量，是各级政府、道路管理部门以及全体市民必须面对的一个重要课题。

路面预防性养护应运而生。其概念起源于 19 世纪 90 年代后期。沥青路面养护分为预防性养护和矫正性养护。预防性养护是在沥青路面未出现明显损坏之前所进行的养护工作；矫正性养护是在路面发生损坏后所采取的维修养护。路面预防性养护与传统的路面管理系统（PMS）具有本质差别。在现有路面管理系统中，通常要在表征路面使用性能的路面服务性指数 PSI 降低到相当低的水平时进行大修，大修方案多数为 4～10 cm 厚度的加铺改建。预防性养护则在路面服务性指数（PSI）还比较好时采取对应的必要性养护措施（养护厚度为 0～4 cm）。采用预防性养护不仅可以保证路面性能始终完好，就其本质而言，这些措施有效避免了路面损伤的发生与累积，极大限度地延长路面使用寿命。预防性养护不仅可以保证路面服务性指数 PSI 始终处于良好状态，更重要的是由于路面结构始终得到保护，不会产生严重的损伤。如果将路面作为一种资产，预防性养护可以取得资产保值的效益，并可以称为路面保值。总之，预防性养护使得养护投资得以预见并可以化整为零，同时始终处于良好状态的路面服务性能可以获得最大限度的公众满意度。采取预防性养护，道路路况始终保持在较高的水平，为社会提供了高质量的服务。

预防性养护措施多种多样，预防性养护技术可以分为裂缝填封（Crack Sealing）、雾层封层（Gog Seal）、碎石封层（Chip Seal）、冷薄层罩面（包括稀浆封层、微表封层）、热薄层罩面（包括开级配、密级配和间断级配）。每种养护措施都有自己适用范围和条件，雾层封层、碎石封层较适用于较低等级公路沥青路面以及碎石路面维护；微表封层、热薄层罩面适用于高等级公路路面养护，但微表处比热薄层罩面造价更低，设备简便，容易搬运。

微表封层区别于稀浆封层的重要特点有：①微表处必须使用改性乳化沥青；②可以迅速开放交通；③可以用来车辙修补。另外，微表处混合料从原材料质量要求、混合料设计指标、使用范围等方面比稀浆封层苛刻，它的路用性能、使用寿命等都明显优于稀浆封层。

一、微表处

微表处是预防性养护方式中最具代表性的一种方式，也适用于其他路面。微表处是指采用适当级配的石屑或砂、填料（水泥、石灰、粉煤灰、石粉等）与聚合物改性乳化沥青、外掺剂和水按一定比例拌和而成的流动状态的沥青混合料，将其均匀地摊铺在路面上形成的沥青封层，微表处的技术和经济效益有：①具有高抗滑磨耗、抗滑性能，增加路面色彩对比度，改善路用性能。特别适合于交通量大、重载车辆多、车速快、刹车性能要求高的高等级公路。②微表处比传统的热沥青薄罩面具有更好的封层效果，能够更好地防止下渗水，从而更好地保护路面结构。常温条件下作业，降低能耗，不释放有毒物质，符合环保要求。③微表处开放交通快，工期短，施工季节长，可以夜间作业的优点，尤其适于大交通量的高等级公路，城市干道和机场道路，可以在施工后 1 ~ 2 h 内就恢复交通，减少了施工对交通的影响。④在面层不发生塑性变形的条件下，可以修复中度的车辙而不需要碾压。可以应用于沥青或水泥二种不同性质的路面，是水泥路面不多见的、效果较为显著的罩面技术。⑤在基层稳定的前提下，优质微表处使用寿命一般在三年以上，在使用寿命和使用效果等方面有无可比拟的优越性，从而创造更多的经济效益。⑥单位建造造价大大低于有效厚度的热沥青罩面。因此，此技术具有显著的经济效益。

沥青路面微表处养护技术是预防性养护的一个重要的技术手段，是一种高效的路面预防养护方法，可以一次性解决路面麻面、脱皮、松散、裂缝、车辙等问题，延缓路面破坏，减少零碎修补次数。它具有高抗磨耗、抗滑性能，增加了路面色彩对比度，改善了路用性能。

微表处技术源于 20 世纪 60 年代末 70 年代初的德国。当时，德国的科学家用传统的稀浆做试验，主要是增加稀浆使用的厚度，看是否能找到在狭窄的车道上填补车辙但同时不破坏昂贵的高速公路路面的方法。德国科学家使用精心挑选的沥青及其混合物，加入聚合物和乳化剂，摊到深陷的车辙上，形成了稳定牢固的面层，这个结果促使了微表处技术的出现。

微表处技术在 1980 年传入美国，目前被认为是处理车辙和各种其他路面的最经济的方法之一。如今，微表处技术在欧洲、美国和澳大利亚广泛使用，并开始在其他更多国家推广。目前，微表处技术的优点在西方发达国家反复实践中得到了证明，并大规模的应用。根据交通部交科所的调查，美国 1999 年用于微表处的乳化沥青混合料用量为 92 万吨，欧洲微表处的乳化沥青用量为 77.83 万吨，其中西班牙、法国等国家应用较多。

微表处养护技术于 2000 年进入我国，在山西太旧高速公路等得到初步应用。随后，微表处技术逐步在全国 20 多个省份的高速公路养护工程中得到推广，取得了很好的使用效果。例如，江苏省的宁沪高速公路、京沪高速公路等都在养护工程中大量使用微表处罩面，对延缓路面病害的发生发展，延长路面使用寿命起到了积极作用；安徽省大量使用微表处进行高速公路沥青路面车辙修复，有效地恢复了路面平整，显著改善了行车安全；福建省高速公路大量使用微表处罩面，对预防和延缓沥青路面水损害的发生、发展起到了积极作用；浙江省在高速公路隧道道面中使用微表处技术，有效减少了交通事故的发生。

据不完全统计，从 2000 年我国首次使用微表处技术以来，在 2004 年年底，我国高速公路微表处累计摊铺面积超过 2 000 万平方米，2005 年年底，全国微表处累计摊铺面积超过 4 000 万平方米。

微表处技术除了可以用于路面的预防性养护外，还可以用于新建道路的表面磨耗层、桥面防水层、隧道内混凝土路面的罩面以及半刚性基层与沥青层的连接层等。随着大家对微表处技术优越性的进一步深入了解，微表处技术在我国高等级公路建设和养护中的作用和地位必将得到进一步的提高，使用面积将会迅速扩大，具有十分广阔的推广应用前景。微表处技术的核心主要在于乳化沥青改性研制及配合比设计研究，同时兼顾设备和摊铺工艺的研究。

微表处乳化沥青改性的技术要求见表 5-1。

表 5-1 微表处乳化沥青改性的技术要求

项　目	MS
筛上剩余量（1.18 mm），不大于 /（%）	0.1
粒子电荷	阳离子（+）
恩格拉黏度 E_{25}	3 ~ 28
标准黏度 $C_{25,3}$/S	12 ~ 60

项 目		MS
蒸发残留物	含量，不小于 /（%）	60
	针入度 /（0.1 mm）	40 ~ 100
	软化点，不小于 /℃	53
	延度（5℃），不小于 /cm	20
储存稳定性（24 h），不大于 /（%）		1

二、乳化沥青改性研制与分析评价

SBS 改性沥青高温减黏乳化的研究思路和工艺技术，应用法国进口的国际先进的乳化沥青试验设备（特制磨芯，设备配置了加工生产高黏度 SBS 乳化改性沥青的加压设备，以提高乳液的汽化温度，将 SBS 改性沥青乳化），研制出 SBS 改性乳化沥青，大大提高改性乳化沥青的路用高温稳定性。

（一）原材料

乳化沥青改性需要的原材料有基质沥青、乳化剂、改性剂、稳定剂等，原材料的选择关系到乳化成败和乳化沥青的性能等等。研制的乳化沥青改性主要用于微表处，对原材料的选择也针对这个目标。基质沥青选择的是重交 70# 和重交 90#，乳化剂选用国内外适合微表处使用的阳离子慢裂快凝型，选用适合乳化生产的 SBS 和有较好配伍性的阳离子 SBR 胶乳改性剂。

1.基质沥青

基质沥青性能见表 5-2。

表 5-2　基质沥青性能

样 品	针入度 （25℃）/（0.1mm）	软化点 /℃	延度 （15℃）/cm	延度 （5℃）/cm
泰普克 AH-90	86	46	大于 100	0
茂名 AH-90	90	45.8	大于 100	0
CPCAH-90	71	47.5	大于 100	0

2. 乳化剂

试验尽可能选用市场成熟，售后服务到位乳化剂品种，以方便工业化生产，利于把科研成果转化为生产力作为选材原则，不选用国内市场不成熟的产品，本书选用的乳化剂见表5-3。

表5-3 研究中选用的乳化剂

序 号	公司名称	代 号	离子类型	破乳速度
1	维实伟克	MQK	阳离子	慢裂快凝
		MQ3	阳离子	慢裂快凝
		QTS	阳离子	慢裂快凝
2	阿克苏－诺贝尔	C-450	阳离子	慢裂快凝
		C-404	阳离子	慢裂快凝
3	河南某公司	A-2000	阳离子	慢裂快凝
		2000-2	阳离子	慢裂快凝

3. 改性剂

（1）SBS改性剂（见表5-4）。

表5-4 研究中选用的SBS

产 地	代 号	分子结构	相对分子质量
国产	A	线型	12万
韩国	B	线型	12万
韩国	C	星型	25万

（2）阳离子SBR胶乳改性剂（见表5-5）。

表5-5 研究中选用的SBR胶乳

产地	代 号	固体含量／（%）	pH值
美国	PC-1468	62	4.3
国产	A	40	5.6
国产	B	60	4.5

（二）设备

为系统研究乳化改性沥青生产工艺及配方，试验室引进了全套改性小试设备和乳化设备。

1. 改性小试加工设备

德国 FULUC 高速剪切乳化搅拌器一台，转速可以达到 $10\,000\ r \cdot min^{-1}$；国产搅拌器一台，转速可以达到 $10\,000\ r \cdot min^{-1}$。研制沥青改性时，先把 SBS 投入锅中，由搅拌器分散于沥青中，溶胀，再经高速剪切乳化器把 SBS 加工到足够的细度。

2. 沥青乳化小试加工设备

试验采用法国进口国际先进的沥青乳化设备（Emulbitumen Laboratory Unit），其特制磨心有助于把含高分子聚合物改性剂的沥青黏结料更好分散。由于 SBS 改性沥青乳化过程中温度较普通乳化沥青高，刚刚乳化形成的 SBS 改性乳化沥青乳液成品温度较高，加压冷却装置能有效防止成品沸腾并通过循环水使成品迅速冷却，防止生产过程中的破乳，最终生产出稳定的 SBS 改性乳化沥青乳液。同时，这种设备也能最大限度地减少改性沥青乳化过程中的老化和性能损失。该设备的最佳乳化黏度为 200 cp，即乳化前加热使沥青黏度达到 200 cp 再进行乳化，此黏度下可以使得沥青的乳化效果最佳。

3. 乳化沥青性能指标测试设备

对于研制的乳化沥青，利用常规试验手段检测常规性能指标外。乳化 SBS 改性沥青常规指标检测采用了针入度仪、软化点仪、延度仪、稳定度测定仪、标准黏度仪等设备，同时也尝试采用了 SHRP 性能分级全套设备，利用 PG 分级性能评价手段对蒸发残留物性能进行系统评价。

（三）乳化沥青改性典型配方

1.SBS 改性乳化沥青的配方及性质

试验研究中生产的 SBS 改性沥青，其主要性能指标见表 5-6 ~ 表 5-8。改性生产使用的是 FULUC 高速剪切改性小试设备，工艺流程为：把基质加热到 170 ~ 175℃，加入 SBS 溶胀 30 min，然后升温到 185℃，剪切 30 ~ 50 min，在 175℃时加入稳定剂和 SA 搅拌 30 min。多次试验发现，这种工艺生产的改性沥青细度足够，能用于生产乳化沥青。

乳化生产时乳化剂用量采用行业中经验用量值，除了沥青温度采用给出的值以外，其他生产工艺设备参数相同。

151

表 5-6　试验研究中生产的 SBS 改性沥青

编　号	基质沥青	改性剂	助剂	稳定剂	生产方式
S1	泰普克 AH-90	B	无	W-3	高速剪切
S2	泰普克 AH-90	B	SA	W-3	高速剪切
S3	泰普克 AH-90	B	SA	W-3	高速剪切
S4	泰普克 AH-90	A	SA	W-3	高速剪切
S5	泰普克 AH-90	C	无	W-3	高速剪切
S6	茂名 AH-90	A	SA	W-3	高速剪切
S7	茂名 AH-90	B	SA	W-3	高速剪切
S8	茂名 AH-90	B	无	W-3	高速剪切

表 5-7　SBS 改性沥青性质

编　号	改性剂用量/(%)	助剂用量/(%)	135℃旋转黏度（MPa·s）	适宜的乳化温度/(℃)	蒸发残留物性质		
					软化点 ℃	5℃延度/cm	针入度 (0.1mm)
S1	4	0	1558	185	71	45	64
S2	3	1.2	725	168	74	38	62
S3	2	1.2	495	158	63	35	66
S4	3	1.2	694	167	70	37	63
S5	3	0	816	173	65	43	65
S6	3	1.2	1.81	174	71	31	63
S7	3	1.2	1 131	176	72	32	64
S8	4	0	1 612	186	66	46	65

表 5-8　SBS 改性乳化沥青的配方及性质

编　号	使用的改性沥青	乳化剂	乳化剂用量/(%)	乳化温度/℃	试验成败	筛上剩余量/(%)	5d 储存稳定性/(%)
RS-1	S1	MQK	1.6%	182	微堵	0.5	2
RS-2	S2	MQK	1.6%	168	正常	0	0.7
RS-3	S3	MQK	1.6%	158	正常	0	0.5
RS-4	S4	MQK	1.6%	168	正常	0	0.6

编　号	使用的改性沥青	乳化剂	乳化剂用量/（%）	乳化温度/℃	试验成败	筛上剩余量/（%）	5d储存稳定性/（%）
RS-5	S5	MQK	1.6%	175	堵管	6.3	3.3
RS-6	S6	MQK	1.6%	175	正常	0	1.6
RS-7	S7	MQK	1.6%	178	微堵	2.2	2.1
RS-8	S8	MQK	1.6%	182	微堵	3.4	1.4

从表 5-8 可以看出 S2、S3、S4、S6 的乳化温度分别是 168℃、158℃、168℃、175℃，且均能乳化成功。所得的乳化 SBS 改性沥青 RS-2、RS-3、RS-4、RS-6 的筛上剩余量和储存稳定性均很好。RS-3 的乳化温度低，工业化批量生产容易，其次是 RS-2 和 RS-4。

这是因为沥青乳化时沥青加热温度越高，皂液温度也应该相应地提高，所得到的改性乳化沥青温度高，通常需要降温后才排入成品罐，乳化沥青温度过高将导致设备难以降温度。RS-2 比 RS-4 的软化点高，所以较优的配方为 RS-2、RS-3。对比配方可以选择 RS-1，它的蒸发残留物性质与 RS-2 基本一致，生产成本不差上下。

2.SBR 改性乳化沥青的配方及性质

SBR 改性乳化沥青的配方见表 5-9，其性能指标见表 5-10。试验把 SBR 胶乳加入皂液中一起调酸，也就是采用内掺胶乳方式生产 SBR 改性乳化沥青。

表 5-9　SBR 改性乳化沥青的配方

编　号	基质沥青	乳化剂	乳化剂用量/（%）	改性剂品种	改性剂湿胶用量/（%）	生产方式	试验成败
RR-1	CAP AH-70	MQK	1.6	PC-1468	3.5	内掺胶乳	正常
RR-2	CAP AH-70	C-450	1.2	PC-1468	3.5	内掺胶乳	正常
RR-3	CAP AH-70	QTS	1.4	PC-1468	3.5	内掺胶乳	正常
RR-4	CAP AH-70	MQ3	1.6	PC-1468	3.5	内掺胶乳	正常
RR-5	CAP AH-70	A-2000	2.0	A	3.5	内掺胶乳	正常
RR-6	CAP AH-70	MQK	1.6	A	3.5	内掺胶乳	正常
RR-7	CAP AH-70	MQK	1.6	B	3.5	内掺胶乳	正常
RR-8	CAP AH-70	MQK	1.6	B	3.5	内掺胶乳	正常

表 5-10　SBR 改性乳化沥青的性质

编　号	筛上剩余量 / (%)	5d 储存稳定性 / (%)	蒸发残留物性质		
			软化点 /℃	5℃延度 /cm	针入度 /0.1mm
RR-1	0.01	0.1	57	65	65
RR-2	0	0	56	67	64
RR-3	0.	0.5	55.5	62	68
RR-4	0.01	0.6	56	63	65
RR-5	0.02	0.3	55	85	66
RR-6	0.03	0.6	55.5	78	67
RR-7	0.06	0.1	54.5	62	68
RR-8	0.01	0.4	55	58	66

从表 5-9 可以看出与乳化 SBS 改性沥青相比较，SBR 改性乳化沥青的生产显得容易得多，8 个试验全部成功，且乳化效果相当好，试验全部采用边乳化边改性的，且乳化沥青改性的基本性质不差上下。国产胶乳的固含量较低，加量较大。但加到 3.5% 固含量的时候，乳化沥青性能与国外的胶乳改性乳化沥青相似。

（四）必要性

目前，国内改性乳化沥青大多采用 SBR 胶乳改性工艺。这类改性乳化沥青通常是采用普通乳化设备将基质沥青乳化得到普通乳化沥青乳液，然后再加入 SBR 乳液搅拌均匀，得到改性乳化沥青。SBR 改性乳化沥青容易生产，低温性能好，是目前公路工程中常用的改性乳化沥青，但是 SBR 改性乳化沥青的软化点不高，国内大量的试验研究表明即使加入 4% 的胶乳，改性乳化沥青蒸发残留物软化点也很难突破 58℃，虽然已经达到封层施工指南的技术指标要求，但是其高温性能能否胜任作为炎热地区路面最表层的封层材料未免让人有些担忧，封层泛油现象的产生和所用改性乳化沥青软化点过低有很大联系，为了防止泛油的唯一途径只能是减少乳化沥青的用量，也即减少沥青膜厚度，但是减少沥青用量势必影响封层混合料的耐久性和水稳定性，为此开发研究出高软化点的改性乳化沥青具有重要现实意义。SBS 改性沥青具有优良高温性能及低温性能，但同时具有高黏度和难乳化的特点，采用常规的沥青乳化工艺和乳化设备生产乳化效果较差。随着机电设备的技术水平的不断提高和工艺配方的不断改进，SBS改性沥青的工业化乳化生产将成为可能，并将得到推广，中国石油江苏兴能沥青公司使用道维斯乳化设备，于2005年12月成功实现乳化SBS改性沥青工业化生产就是一个实例，说明乳化SBS改性沥青工业化生产具有现实可行性，随后，2006年广东南粤物流股份公司成功调试出乳化SBS改性沥青。

1.适合生产的SBS改性乳化沥青

在第一章中提到，SBS改性乳化沥青和普通乳化沥青的主要区别在于前者含有SBS聚合物，而这些聚合物颗粒又包含在乳化沥青分散相（即沥青微粒）中，而乳化沥青乳液的颗粒直径在 $1 \sim 5\ \mu m$ 范围内时具有最好的总体特性。这就要求乳化前SBS改性沥青中SBS改性剂颗粒粒径低于 $1 \sim 5\ \mu m$ 范围内，因为乳化过程中胶体磨不存在对SBS颗粒的进一步磨细。比较合理的SBS改性乳化沥青是使用反应性SBS改性沥青，反应性SBS改性沥青SBS颗粒较小（平均直径常小于 $1\ \mu m$），分布均匀，具有较好的热稳定性，根据聚合物共混改性原理，聚合物共混物的力学性能和三次结构和高次结构有更直接的关系。SBS改性乳化沥青合理的微粒粒径分布为：SBS聚合物粒径＜乳化沥青乳液的颗粒直径＜微表处混合料沥青膜厚度。

2.反应性SBS改性乳化沥青工艺

试验研究全部使用反应性SBS改性乳化沥青，反应性SBS改性乳化沥青SBS颗粒较小，加入稳定剂使得SBS中的不饱和键与沥青中的活性成分交联，相容性好，乳化后乳液的均匀性好，稳定性好。

SBS改性乳化沥青的生产分两个阶段：第一阶段生产SBS改性沥青，按的试验方案和工艺生产反应性SBS改性沥青。第二阶段将SBS改性沥青乳化，按的试验方案和工艺，在 60 ± 2℃的热水中加入乳化剂，再加入盐酸调节pH值到 $1.8 \sim 2.2$，搅拌均匀，直至液体透明。在上述溶液中加入氯化钙和聚乙烯醇，制得皂液，把皂液和第一阶段制得的改性沥青分别装入乳化设备中的皂液罐和沥青罐，然后经胶体磨乳化，再经加压冷却得到成品SBS改性乳化沥青。

（五）减黏复合改性乳化沥青的研制与分析

1.SBS与SA复合改性乳化沥青研究

SBS改性沥青具有优良高温性能及低温性能，但同时具有高黏度和难乳化的特点，采用常规的沥青乳化工艺乳化效果较差，难以得到稳定的SBS改性乳化沥青乳液。正因为如此，SBS 改性的阳离子乳化沥青还处于研制阶段，未形成规模生产的局势。试验在 SBS 改性乳化沥青生产过程中加入新型助剂 SA 进行复合改性，降低 SBS 改性乳化沥青的乳化难度，同时利用国际先进的自动化沥青乳化设备，开发了一种新型的 SBS 改性乳化沥青及其生产工艺，并与常规改性乳化沥青及其工艺对比试验分析。

（1）常规 SBS 改性乳化沥青生产面临的困难。沥青黏度是影响胶体形成的一个重要因素。通过多次试验发现，沥青或改性沥青的黏度超过 200 cP 时，乳化沥青的生产变得相当困难，常常导致严重结皮，筛上剩余量严重超标。特别是 SBS 改性沥青本身黏度高，为了使得 SBS 改性沥青能够被乳化，形成稳定的 SBS 改性沥青乳液，通常是通过提高 SBS 改性沥青乳化过程中的温度来实现。但是，提高乳化过程中的沥青的温度是非常有限的。这是因为，过高的改性沥青温度会导致生产出来的乳化 SBS 改性沥青乳液温度过高而汽化，过早破乳，不能形成稳定的乳化 SBS 改性沥青乳液。虽然带加压装置的乳化设备能在某种程度上提高液体沸点，抑制乳液破乳，但这种提高仍然很有限，对于高黏度的 SBS 改性沥青的乳化仍然难以实现。为深入发掘这个问题，试验采用了法国进口的 Emulbitumen Laboratory Unit 试验设备进行了常规 SBS 改性沥青乳化试验，结果发现即使对于 4% 线形 SBS 改性的改性沥青，几乎不能乳化，导致严重结皮，筛上剩余量严重超标。

（2）SBS 与 SA 复合改性乳化沥青大大缓解乳化难度。研究在保证乳化沥青高温性能（如蒸发残留物软化点）的前提下，通过加入助剂 SA，减少 SBS 用量的手段减低改性沥青黏度，降低乳化难度。助剂 SA 可降低沥青高温黏度，即大于 110℃时的黏度，同时增加 60℃时的黏度，提高改性沥青的软化点；减少 SBS 用量可以降低沥青高温黏度，同时软化点提高幅度变小，但变小的部分由助剂 SA 的提高部分弥补。由于加入辅助改性剂 SA，使得 RS-2 和 RS-1 的乳化难度下降，但乳化改性沥青的性能并没有下降，高温性能反而有提高，即加入 1% 的 SA 使乳化 SBS 改性沥青在 3% SBS 用量时的高温性能与 4% SBS 用量时基本持平，但前者降低乳化难度，降低沥青微粒直径，增加乳化沥青胶体体系的稳定性，减少乳化设备的损耗。

（3）SBS 改性乳化沥青的常规指标分析。对 SA 与 SBS 复合改性乳化沥青、常规乳化 SBS 改性沥青样品进行各项性能试验，试验结果见表 5-11。

表 5-11 SBS 改性乳化沥青常规性能

各组分含量（重量份）和乳化沥青性能			RS-2	RS-1	BCR 技术要求
乳化前 SBS 改性沥青的组成					
改性沥青（沥青）	基质沥青		60	60	
	SBS 改性剂 /（%）		1.8	2.4	
	助剂 SA/（%）		0.72	0	
	合计 /（%）		62.7	60	
皂液（改性皂液）	皂液 /（%）		37.3	37.6	
	合计 /（%）		37.3	37.6	
乳化温度 /℃			168	175	
乳化终了温度 /℃			92	97	
沥青颗粒平均直径 /μm			3	4	
筛上剩余量（1.18 mm）			0.05	1	不高于 0.1
破乳速度			慢裂快凝	慢裂快凝	慢裂
粒子电荷			阳离子（+）	阳离子（+）	阳离子（+）
标准黏度 $C_{25,3}$			24	23	12 ~ 60
蒸发残留物	含量 /（%）		63	62.1	不低于 6
	针入度 /（0.1 mm）		62	61	40 ~ 100
	软化点 /（℃）		68	67	不低于 50
	延度（5℃）/cm		27	29	不低于 20
储存稳定性（5 d）/（%）			3.1	有结皮	不高于 5

说明：①乳化温度是指生产乳化沥青时，把沥青加热到合适的温度，使其具有足够大的流动性和足够低的黏度（通常取旋转黏度应 ≤ 200 cP），以便乳化能够顺利进行。这个等黏温度称为沥青乳化温度。②乳化终了温度是指乳化生产时胶体磨内生成的乳化沥青的瞬时温度。

新型乳化 SBS 改性沥青的蒸发残留物软化点远高于《公路沥青路面施工技术规范》拌和用乳化沥青 BCR 要求的软化点，该要求主要是针对目前常用的 SBR 乳化改性沥青软化点较低的前提下提出的。

2.乳化沥青的蒸发残留物 PG 指标分析

为了更精确评价乳化沥青路用性能，采用 SHRP 性能分级全套设备，利用 PG 分级性能评价手段对试验室制得的 SBS 改性乳化沥青蒸发残留物性能进行系统评价，PG 性能分级的优点是所有指标概念清晰，对路用性能进行了较为全面的考虑，便于用户选择与温度及荷载条件相适应的沥青。根据 SBS 改性乳化沥青的蒸发残留物 PG 指标分析结果可知，其性能等级达到了 PG70-22，完全能够适合南方的高温气候。

SHRP 性能分级分析结果显示 SA 与 SBS 改性乳化沥青和常规 SBS 改性乳化沥青的蒸发残留物性能均能达到 PG70-22，但前者抗车辙因子大于后者，说明新型 SBS 改性乳化沥青比常规 SBS 改性乳化沥青具有更好的抗高温性能。因此，新型 SBS 改性乳化沥青可以更胜任炎热地区的道路养护，用其生产的微表处或改性稀浆混合料抗永久变形性好，可以填补原路面车辙，防止高温季节路面形成新车辙，具有广泛的应用前景。

针对乳化沥青施工不需要加热，所以 PG 分级检验不需要旋转薄膜老化过程。尝试采用 SHRP 手段并省去旋转薄膜老化过程，来评价乳化沥青的性能并与常规方法进行比较，暂且称为乳化沥青的蒸发残留物修正 PG 分级试验分析。

如果修正 PG 分级检验标准，复合改性后的 SBS 改性乳化沥青 RS-2 的高温等级将更上一级，从 PG70-22 升到 PG76-22。常规 SBS 改性乳化沥青 RS-1 的高温性能指标也有所提高，几乎接近 PG76-22。

（六）SBS 改性乳化沥青与其他改性乳化沥青的比较

1.SBS&SBR 改性乳化沥青的成本比较分析

SBS 改性乳化沥青 RS-3 和 SBR 改性乳化沥青 RR-1 的性能相当，比较这两种乳化沥青的原料成本，1 t SBS 改性乳化沥青含基质沥青（以泰普克 AH-70 为例）0.60 t，以 3 00 元 /t 计价，SBS 含量为 0.0124 t，以 1.7 万元 /t 计价，1t SBR 改性乳化沥青含基质沥青（以泰普克 AH-70 为例）0.60 t，以 3 000 元 /t 计价，SBR 固体含量为 0.023 t，换算成胶乳含量为 0.023/0.65=0.034 t（试验中采用 PC-1468 胶乳，固含量为 65%），以 2.9 万元 /t 计价。两种产品的皂液相似，乳化剂含量均为 0.016 t，以 3 万元 /t 计价，其他组分估价 100 元。

SBS 改性乳化沥青比 SBR 改性乳化沥青的每吨原料成本降低了 608 元。值得提出的是，这里以当前原料产品的大概价格计价，不考虑价格波动因素，也没有考虑改性乳化沥青的加工费用，仅考虑各自所用原料成本总和；SBS 改性乳化沥青生产工艺比较复杂，必须经历两个过程，加工费用会高于 SBR 乳化改性沥青。

改性乳化沥青的生产工艺和生产设备对乳液的质量、产量和成本起着重要作用。因此，掌握、研究改性乳化沥青工艺，熟悉生产设备，是发展乳化沥青改性的重要环节。

2.SBS&SBR 改性乳化沥青的设备及工艺比较分析

（1）生产设备比较。

1）SBS 改性乳化沥青的设备要求。考虑到 SBS 改性沥青高黏度和难乳化这些特点，必须采用先进的沥青乳化设备，设备需要有特制的磨心，特设加压装置，有特制冷却设备。特制的磨心有助于把含高分子聚合物改性剂的沥青黏结剂更好分散，SBS 改性乳化沥青成品的温度较高，加压装置能有效防止成品沸腾，冷却设备可以快速将乳化沥青的温度冷却下来。

2）SBR 改性乳化沥青的设备要求。生产 SBR 改性乳化沥青用常规乳化设备即可。

（2）工艺比较。

1）乳化 SBS 改性沥青的生产工艺。一般采用先改性后乳化的工艺，生产过程分两个阶段，第一阶段为生产 SBS 改性沥青，把基质沥青加热到 180 ~ 190℃，加入 SBS 改性剂，搅拌 20 min。加入助剂，经高速剪切器剪切不少于 1 h，加入 SBS 改性沥青稳定剂反应 15 min；第二阶段为乳化 SBS 改性沥青，在热水中加入乳化剂，再加入盐酸调节 pH 值至 1.5 ~ 2.5。在上述溶液中加入乳液复合稳定剂氯化钙和聚乙烯醇，从而制得皂液。氯化钙可以增加水相电荷，聚乙烯醇可以提高水相黏度，提高乳液稳定性。把皂液和第一阶段制得的改性沥青分别装入乳化设备中的皂液罐和沥青罐。经胶体磨乳化分散形成乳液，再经加压冷却得到成品乳化 SBS 改性沥青。这种工艺的实质是把 SBS 改性沥青进行乳化处理，因此把这种乳化沥青称为乳化 SBS 改性沥青。

2）SBR 改性乳化沥青的生产工艺。一般采用边改性边乳化的工艺，即在皂液配置过程中加入 SBR 胶乳改性剂，得到"改性皂液"，这种皂液在乳化沥青的过程中也起到改性作用。在 45℃热水中加入乳化剂，然后加入 SBR 胶乳改性剂，最后加入盐酸调节 pH 值到 1.5 ~ 2.5，搅拌均匀。在上述混合液体中加入氯化钙和聚乙烯醇，制得皂液。把皂液和沥青分别装入乳化设备中的皂液罐和沥青罐，然后经胶体磨乳化得成品 SBR 改性乳化沥青。这种工艺的实质是用 SBR 胶乳改性剂对乳化沥青进行改性处理，因此把这种乳化沥青称为 SBR 改性乳化沥青。

（3）SBS&SBR 改性乳化沥青的性能比较分析。SBR 改性乳化沥青的乳化终了温度（最高）低于乳化 SBS 改性沥青，在常压下生产也不会导致乳化沥青局部沸腾发泡，不会发生成品气化破乳及结皮现象。因此，SBR 改性乳化沥青可以在常压生产，乳化设备不需要加压冷却装置。SBS 改性沥青在乳化时，沥青加热温度高，乳化终了温度（即乳化生产时胶体磨内乳化沥青温度）最高可接近 90℃，可能导致乳化沥青局部沸腾发泡，所以乳化设备需要有加压冷却装置。

SBR 改性乳化沥青的乳化温度低于乳化 SBS 改性沥青，即说明 SBR 改性乳化沥青相对容易生产，且对设备的损耗比较小，SBR 改性乳化沥青蒸发残留物的低温延度较乳化 SBS 改性沥青好，具有良好的低温防裂性。

乳化 SBS 改性沥青的蒸发残留物软化点远高于 SBR 改性乳化沥青的软化点，可以更胜任炎热地区的道路养护，用其生产的微表处混合料抗永久变形性好，可填补原路面车辙，防止高温季节路面形成新车辙。

为了进一步比较两种改性乳化沥青的性能，应用 SHRP 评价手段，按沥青性能分级（PG）的技术指标对以上两种改性乳化沥青蒸发残留物试样进行高、低温性能测试。乳化 SBS 改性沥青的蒸发残留物抗车辙因子较大，说明乳化 SBS 改性沥青抗永久变形性好；相位角小，说明弹性好。乳化 SBS 改性沥青的蒸发残留物满足 PG70-22 的标准，SBR 改性乳化沥青的蒸发残留物满足 PG64-28 的标准，进一步证实了前面的结论，即乳化 SBS 改性沥青高温性能相对较好，SBR 改性乳化沥青低温性能相对较好。

三、改性乳化沥青微表处技术研究

微表处是预防性养护方式中的一种方式，能适用于高等级路面，同时也适用于其他路面。目前，微表处大都采用 SBR 改性乳化沥青，将研究 SBS 改性乳化沥青微表处技术。

（一）微表处的设备及原材料

1. 微表处混合料设备

稀浆封层混合料评价设备一套，主要有负荷轮载试验仪、黏结力测定仪器、湿轮磨耗仪、稠度仪等。

2. 原材料

为了叙述的方便，特将试验研究中使用的主要材料及性质在此列出，未列出的在叙述时都有详细交代。

（1）改性乳化沥青。微表处混合料研究中用到的乳化 SBS 改性沥青各项性能见表 5-12，SBR 改性乳化沥青各项性能见表 5-13。

表 5-12　微表处混合料研究中用到的 SBS 改性乳化沥青

编　号	改性沥青	乳化剂	筛上剩余量 /（%）	5d 储存稳定性 /（%）	蒸发残留物性质		
					软化点/℃	5℃延度 cm	针入度 0.1mm
RS-2	S2	MQK	低于 0.1	1.1	71	21	62
RS-3	S3	MQK	低于 0.1	0.5	63	20	66
RS-4	S4	MQK	低于 0.1	0.6	70	20	63
RS-5	S6	MQK	低于 0.1	1.6	71	19	63

表 5-13　SBR 改性乳化沥青

编　号	乳化剂	改性剂品种	改性剂用量（干胶）	筛上剩余量 （%）	5d 储存稳定性 （%）	蒸发残留物性质		
						软化点 ℃	5℃延度 /cm	针入度 0.1mm
RR-1	MQK	PC-1468	3	0.01	0.1	55.5	65	65
RR-2	C-450	PC-1468	3	0	0	55	67	64
RR-3	QTS	PC-1468	3	0	0.5	54.5	62	68
RR-4	MQ3	PC-1468	3	0.01	0.6	55	63	65
RR-5	A-2000	A	3	0.02	0.3	55	85	66
RR-6	MQK	A	3	0.03	0.3	54.5	78	67
RR-7	MQK	B	3	0.06	0.1	55.5	62	68
RR-8	MQK	B	3	0.01	0.4	55	58	66

（2）集料。试验研究中用到的石料性能见表 5-14。

表 5-14　试验研究中用到的石料及级配

代　号	类　型	通过下列筛孔的百分率 /（%）								砂当量
		9.5	4.75	2.36	1.18	0.6	0.3	0.15	0.075	（%）
A	玄武岩	100	78.6	54.6	34.6	22.3	17.6	13.4	9.2	65
B	玄武岩	100	75.3	50.5	28.7	26.3	15.2	12.0	7.4	67
C	花岗岩	100	78.6	54.6	34.6	22.3	17.6	13.4	9.2	68

续 表

代 号	类 型	通过下列筛孔的百分率／（%）								砂当量
		9.5	4.75	2.36	1.18	0.6	0.3	0.15	0.075	（%）
D	石灰岩	100	78.6	54.6	34.6	22.3	17.6	13.4	9.2	65
F	玄武岩＋石灰岩	100	78.6	54.6	34.6	22.3	17.6	13.4	9.2	63

（3）矿粉。试验研究中采用的矿粉性能见表 5-15。

表 5-15　试验研究中采用的矿粉

外 观	通过下列筛孔的百分率／（%）							
	9.5	4.75	2.36	1.18	0.6	0.3	0.15	0.075
无团粒结块	100	100	100	100	100	99.2	94.8	80.4

（4）填料。填料可以分为具有化学活性的填料和不具有化学活性的填料。不具有化学活性的填料一般指矿粉、木质纤维等，具有化学活性的填料主要有水泥、特种水泥等。

（二）微表处混合料级配研究

所谓级配就是集料中各种尺寸颗粒的含量，用以了解集料各级尺寸颗粒的配比情况。微表处混合料级配对混合料的性能有着重要的影响，增粗级配、降低铺层厚度与最大粒径之差、采用间断级配以增加粗集料的数量，都利于改善稀浆封层的宏观构造。但是，在抗滑性能与耐久性之间往往存在着矛盾，粗集料的增加意味着沥青用量的减少，这将导致耐久性的降低。增加沥青用量有助于提高封层的耐久性，但将降低封层的宏观构造和导致泛油的倾向。

1. 间断级配与连续级配下的微表处混合料性能比较

间断级配存在施工和易性的问题，因为微表处施工中，矿料装在微表处摊铺机上的一个料斗中现拌现铺，间断级配或不平滑的级配曲线将加重矿料在运输、装载过程中出现粗料与细料相分离的现象，影响摊铺的均匀性。此外，还有另一种意义上的间断级配在级配曲线中反映不出来的，但同样会显著影响混合料的使用效果，即级配中 4.75 ~ 9.5 mm 部分的颗粒粒径偏大。同样的级配曲线，如果该粒径范围内靠近 9.5 mm 的颗粒居多，则形成了实际上的间断级配，这种级配往往会造成微表处表观不均匀，大料容易飞散的问题。

为了比较连续级配和间断级配混合料的性能，试验采用两种级配，连续级配采用Ⅲ型级配，间断级配设计时断掉 0.6 ~ 1.18，并且增加粗集料用量。然后分别做负荷轮载试验和湿轮磨耗试验，采用同样的集料，使用相同的改性乳化沥青，在相同改性乳化沥青用量的情况下间断级配的微表处混合料横向推移和车辙深度较大，横向推移达到 11%，超过规范要求。湿轮磨耗值基本没有明显区别。

这个原因在于乳化沥青微表处混合料不需要碾压，间断级配的大颗粒之间不易相互接触，相互挤压而形成嵌挤力，而连续级配由于细集料"自然"地填充粗料空隙，粗细之间容易接触，容易嵌挤。湿轮磨耗值重点反映改性乳化沥青的性能及用量、与骨料的黏附性，由于试验采用相同的改性乳化沥青，相同的集料，混合料沥青膜厚度基本没区别，因此，两种级配的混合料湿轮磨耗值基本没有区别。

2. 粗级配与细级配

定性地研究了粗细级配的微表混合料性能。其他条件不变，选取规范中的Ⅱ型偏上，Ⅲ型偏下级配进行对比试验，发现级配细的抗磨耗性能差，拌和时间短，构造深度较难达到，级配粗的拌和需要大的力度，混合料尖角多，预计铺到路上噪声越大。

（三）微表处混合料性能影响因素研究

1. 可拌和时间影响因素研究

微表处施工前必须进行充分的室内试验设计，以确定乳化沥青和混合料的配方，其中拌和试验对于微表处施工意义格外重大。拌和时间不足，混合料在摊铺到路面之前便已经结团硬化，使施工无法顺利进行，但如果混合料的破乳时间过长，不仅无法满足迅速开放交通的要求，同时，由于沥青在未破乳的情况下随水分浮到表面形成一层油膜，导致泛油的出现，并使下面的混合料因水分无法进一步蒸发而迟迟难以成形。因此，探讨拌和时间的影响因素十分必要。

拌和试验是确定微表处混合料的破乳时间的重要试验内容，并作为混合料配合比设计的重要依据，因为它能全面地反映微表处混合料的拌和性、黏附性、固化时间等路用性能。研究采用正交试验方法，探索石料类型、级配、混合料配合比、改性乳化沥青用量等因素对微表处混合料的可拌和时间的影响力度。试验时温湿度一样，采用的集料砂当量一样，可以排除温湿度，砂当量值对可拌和时间的影响。在《公路沥青路面施工技术规范》中微表处级配一般有Ⅱ型、Ⅲ型两种，具体要求见表 5-16。

试验考虑加水量、水泥用量、石料类型、级配、沥青用量 5 个因素，每个因素取两个位级，见表 5-17。由于考虑到因素较多（大于 4），而位级数为

2，选用正交表来安排试验，正交表最多可以安排 7 个因素，满足试验要求。在正交表第 1、2、4、5、6 列分别安排因素 A（加水量）、因素 B（水泥用量）、因素 C（集料类型）、因素 D（级配）、因素 E（沥青含量）。第 3 列安排因素 A 与因素 B 交互作用，即因素 A×B。

表 5-16　拌和试验的级配

级　配		9.5	4.75	2.36	1.18	0.6	0.3	0.15	0.075
Ⅱ	规范要求	100	90～100	65～90	45～70	30～50	18～30	10～21	5～15
	通过率/（%）	100	95	77	57	40	24	16	10
Ⅲ	规范要求	100	70～90	45～70	28～50	19～34	12～25	7～18	5～15
	通过率/（%）	100	80	57	39	27	18	13	10

表 5-17　因素及位级

	因素 A	因素 B	因素 C	因素 D	因素 E
	加水量	水泥用量	集料	级配	沥青含量
位级 1	6.0%	1.0%	石灰岩	Ⅱ	12%
位级 2	9.0%	2.0%	玄武岩	Ⅲ	10%

对于可拌和时间，如果不考虑交互作用，很容易知道各因素影响拌和时间力度情况为 C>E>B>A>D，即石料类型，沥青用量对拌和时间影响最大，其次是水泥和水的用量，考虑到试验的可拌和时间大多在规范建议的上限（240 s）以内，所以该指标越大越好，交互作用 A×B 对拌和时间影响较小，这里不予以考虑。

从以上试验结果可以看出，要延长拌和时间，石灰岩比玄武岩好，建议微表处 0～3 mm 的石料选用石灰岩，3～10 mm 可以用玄武岩，这样做在于：第一可以节约成本；第二可以延长拌和时间。普通硅酸盐水泥用量少对提高拌和性能有好处，乳化沥青用量增多可以提高拌和时间，这是因为乳化沥青多了，覆盖集料表面的乳化沥青膜增厚，当石料表面负电荷和乳液中正电荷作用时，不会迅速影响浓度平衡，不会迅速使乳化沥青表面乳化剂脱附，从而产生破乳，其他条件不变时Ⅲ型级配比Ⅱ型级配拌和时间长，这是因为Ⅲ型级配较Ⅱ型级配的比表面积小，石料和乳化沥青的接触面积小，电荷反应减慢，可以增加破乳时间，从而增加拌和时间。

2. 微表处混合料初凝时间影响因素研究

封层混合料的初凝时间是指拌和以后至乳液破乳完成，用滤纸检验已经无沥青斑点的时间，以分钟计算，在保证可以拌和时间的前提下，初凝时间是越短越好。可拌和时间和初凝时间两项指标是选用乳化剂的重要依据。

初凝时间试验中滤纸表面不再看到褐色斑点，表明沥青微粒已经与水相分离并黏结到了石料表面，只有经过了这一个过程，混合料才能够进一步固化成形，才能形成初期强度。同时，待试样完全成型后观测，可以定性得判断混合料的性能。因此，初凝时间是一项十分重要的指标。

乳化剂是影响初凝时间的主要原因，为了检测了目前行业中常用的微表处乳化剂的初凝时间（乳化剂用量取厂家给定的经验值，该经验值系厂商统计的铺筑微表成功机率最大的用量值），试验采用相同的石料和级配，即玄武岩Ⅲ型级配，相同的填料，相同的加水量，拌制混合料并测量初凝时间。发现 QTS 的初凝时间较短，但其可拌和时间较短，因此使用该乳化剂生产的改性乳化沥青施工性能难以保证，国内技术精熟的施工单位不多，因此这种乳化剂只在特殊情况下使用。MQK 和 MQ3 的可拌和时间和初凝时间两项指标均很合理，是常用的乳化剂，C-450 可拌和时间和初凝时间较前两者略低些，也是常用微表处乳化剂。国产乳化剂 A-2000 和国外几种乳化剂有相当一些的差距，但是较稀浆封层乳化剂好了许多，可以用于微表处施工，不同配方的微表处混合料的拌和时间和初凝时间存在较大差异。

3. 微表处混合料黏聚力试验

黏聚力用于确定微表处混合料铺筑后的开放交通的时间，同时也在一定程度上反映微表处混合料的强度性能。

试验采用 SBS 改性乳化沥青，代号为 RS-3，研究在室内进行，无风无日照，温度 31℃湿度 78，考察微表处混合料的可拌和时间及 1 h 后黏聚力两项指标。现在要看一看加水量、水泥用量、沥青含量取多少时，石料、级配为何类型时所拌和的微表处混合料质量才是最佳。

由于考虑到因素较多（大于 4），而位级数为 2，选用正交表来安排试验，正交表最多可以安排 7 个因素，满足试验要求。在正交表第 1、2、4、5、6 列分别安排因素 A（加水量）、因素 B（水泥用量）、因素 C（集料类型）、因素 D（级配）、因素 E（沥青含量）。第 3 列安排因素 A 与因素 B 交互作用，即因素 A×B。

对于黏聚力，如果不考虑交互作用，很容易知道各因素影响黏聚力力度情况为 C>A>E>B>D，即石料类型，水的用量对黏聚力影响最大，其次是沥青用量，黏聚力越大越好。

从以上试验结果可以得出，用玄武岩比用花岗岩好，加水量应该尽量少，沥青用量应该少点好，Ⅲ型级配比Ⅱ型级配好些。

4.微表处混合料湿轮磨耗试验

通过微表处混合料的拌和试验和黏聚力试验，便可以确定微表处的基本配方，这个配方是否可以满足石油沥青路用性能的要求，还要进行评价，湿轮磨耗试验是一项重要指标。湿轮磨耗试验是模拟汽车轮胎在湿润状态下，对于封层表面的磨耗状况，重点检验改性乳化沥青的性能及用量，与骨料的黏附性及配合比设计是否合理。

在一定范围内，随着改性乳化沥青用量增加，湿轮磨耗值减少。众多研究发现，在采用同样质坚耐磨集料的情况下，使用相同改性乳化沥青，在相同改性乳化沥青用量下，粗粒径的粗级配集料混合料的磨耗值比细粒径的细级配集料混合料的磨耗值小得多。

以上结论众多文献中都有一致的结论，本书中主要验证行业中颇有争议的关于SBS改性乳化沥青和SBR改性乳化沥青微表处混合料的抗磨耗性比较研究。试验采用同样质坚耐磨集料的情况下，在相同改性乳化沥青用量下，同样的级配，分别使用乳化SBS改性沥青和SBR改性乳化沥青作为结合料，见表5-18。

表5-18 两种乳化沥青磨耗试验对比试验所用的材料

乳化沥青类型	SBS 改性乳化沥青	SBR 改性乳化沥青
乳化沥青代号	RS-2	RR-1
集料类型	玄武岩	玄武岩
石料及级配代号	A	A

不管是使用哪种乳化沥青，随着改性乳化沥青用量增加，湿轮磨耗值减少。使用同样的玄武岩集料，相同的级配，相同乳化沥青用量，使用乳化SBS改性沥青做结合料的微表处混合料的1 h磨耗值比使用SBR改性乳化沥青的要稍大一些，但是当油石比超过6.2时，磨耗值能达到规范要求。为了验证SBS改性乳化沥青用于微表处混合料的可行性，在某大学城外的沥青路面上手工摊铺了一块微表混合料，一年后的观察发现，该混合料抗滑，耐磨，抗剥离性能均很好，具有优良的路用性能。

使用同样的改性乳化沥青，相同的级配，相同乳化沥青用量，使用花岗岩集料微表处混合料的 1 h 磨耗值比使用玄武岩的要大一些，但是当乳化沥青用量达到 12% 时，磨耗值能达到规范要求。这个结论在一定程度上说明了 SBR 改性乳化沥青对玄武岩石料的黏附性比花岗岩好，但并不是花岗岩不能用于微表处，花岗岩也能用于微表处。该混合料的一个缺点是与轮胎接触的花岗岩粗粒表面的沥青膜剥落，现出白花花的石料，与沥青胶浆的黑色相间，表面不是很好看，但是抗滑、耐磨、抗剥离性能均很好，具有优良的路用性能。

5. 微表处混合料负荷轮试验

微表处混合料的负荷车轮试验，是用条形试样在车轮碾压后单位宽度上的侧向变形率和单位厚度的车辙深度率评价混合料的抗车辙能力。混合料的抗车辙能力越强，侧向变形率和车辙深度率就越小。研究间断级配的微表处混合料和连续级配微表处混合料的横向推移和车辙深度问题，发现间断级配横向推移达到 11%，超过规范要求。

负荷轮试验中采用黏附砂当量的试验方法，来控制稀浆混合料的用油量的上限，防止施工中出现泛油。在高等级公路的重交通路面使用微表处养护时，通过混合料的黏附砂量确定沥青用量。

（四）微表处混合料填料研究

在添加具有化学活性的填料时，应该充分考虑填料与矿粉、乳化沥青的反应及相容性，应该利于微表处混合料的拌和、摊铺和成形，保证封层的整体强度。填料的作用主要有：①改善级配；②提高微表处混合料的稳定性；③加快或减缓破乳速度；④提高封层的强度。试验研究中采用几种特种水泥还有木质纤维作为填料，发现加入普通水泥可以减少拌和时间，加入特种水泥 1 和特种水泥 2 能增加拌和时间，加入木质纤维会减少拌和时间。

四、实际应用

（一）试验段铺筑点的选取

微表处技术已经在我国公路养护工程中得到成功应用，其中相当一部分用到了高速公路沥青路面的养护上。但对于高速公路长下坡段，特别是隧道路面改造方面用的很少。元江至磨黑高速公路起于元江县二塘桥，接玉溪至元江高速公路，经过墨江、通关，止于普洱县的磨黑，后接已经建成的磨黑至思茅二级公路，是昆明至曼谷国际大通道的重要组成部分，也是国道 213 线云南省境内的一段，是云南省南部各地的经济运输大动脉。在东南亚地区，更是中国云南与缅甸、老挝、泰国及整个东南亚进行经济贸易往来的国际运输大通道。

元磨高速公路有 7 方面号称全国之最：①地质最复杂、地质病害最多，滑坡、塌方等不良地质目前已经达到了 155 处，滑坡规模和治理难度为全国高速公路之最；②地形最复杂，地势陡峭，全线范围内垂直高度大于 30 m 的路堑高边坡多达 349 处，稳定性差，风险大，高边坡之多为全国之首；③全线横跨两山三江，路线经过四上四下 8 次大起伏，其高差之大，国内高速公路项目绝无仅有；④元江特大桥为同类桥型亚洲最高桥，桥高 163 m，主跨 265 m，施工、监控技术国内领先；⑤大风垭口隧道为云南最长高速公路隧道，施工中遇到的各种地质病害如塌方、断层、溶洞、瓦斯等在全国公路隧道施工中也极为罕见；⑥全线桥、隧所占比例最高，桥隧里程长达 43.453 km，占线路总长的 30%；⑦公路运行效益显著，高速公路比老国道 213 线缩短里程 67 km，缩短 31%，通行时间由原来的 7 h 缩短到约 2 h，这在国内也是少见的。

自通车以来，元磨高速公路保持基本保持着安全、舒适、畅通的高速公路使用功能，但由于沿线地质条件恶劣，公路超限运输严重，经过近 6 年的运营，隧道路面抗滑能力衰减，需对元磨高速公路 K240+000—K350+780 部分隧道路面采用微表处进行改造，微表处面积 116 508 m²。

根据该路段的现状，采取微表处工艺进行处理是及时、有效和经济的。根据微表处工艺的特点，在高等级公路上进行微表处施工，可以达到以下几个功效：①封闭道路表面下渗水，防止道路基层受水侵蚀破坏；②弥补沥青面层贫油情况，修复沥青面层功能；③改变道路面层构造深度，提高路面抗滑性能；④提高路面平整度，有效的填补车辙。

（二）原材料试验

1.集料试验

微表处选取用的集料要有一定要颗料级配组成，使其形成密实而又稳定的稀浆混合料，在集料中要有一定数量的粗粒料起骨架作用，也需要适当数量的细料填充空隙，以保证稀浆具有较好的密实性、耐久性而不会离析分散。

根据具体情况，其集料级配组成采用 5 ~ 10 mm 的玄武岩碎石，0 ~ 5 mm 辉绿岩石屑。砂当量试验是评价集料的清洁程度，其用以测量黏土和有机质的数量，石料的砂当量已经完全满足规范要求。

2.填料的选择

矿物填料主要有水泥、消石灰、硫酸铵粉、粉煤灰等。在添加填料时，应该充分考虑填料与矿料、乳化沥青的反映及相容性。应该利于稀浆混合料的拌和、摊铺和成形，保证微表处的整体强度，填料的用量必须通过配合比试验来确定，这里采用的是特种水泥。考虑到施工现场的温度、可拌和时间及开放交通时间，最终确定水泥的添加量为1%。

3. 改性乳化沥青

用于试验的微表处施工改性乳化沥青要满足级配矿料的拌和要求，使得稀浆混合料在拌和摊铺过程中保持均匀、不破乳、不离析的良好流动状态。阳离子乳化沥青对石料有良好的黏附性，慢裂快凝性是表处施工的基本要求，本次微表处试验段采用阳离子慢裂快凝乳化沥青作为的结合料。

4. 水

水是构成稀浆混合料的重要组成部分，它的用量大小是决定稀浆稠度和实度的主要的因素，稀浆混合料的水是由矿料中的水、乳液中的水和拌和时的外加水构成的。在一种级配良好的混合料可以由集料、乳液及有限范围的外加水组成稳定的稀浆。

一般矿料的含水量相当矿料质量的2% ~ 5%，矿料输出量应随其含水量的不同而做出相应调整。矿料的含水量影响封层的成形，含水量饱和的矿料，其成型开放交通的时间要更长。稀浆混合料太稀，容易发生离析、流淌，而且可能产生集料下沉、沥青上浮现象，成型后表面一层油膜而下面是松散集料，与原路面黏结不牢，容易起皮脱落，因此慎重控制总外加水量对保证微表处的质量非常重要。

（三）配合比设计

合理的稀浆混合料配合比，是保证微表处质量的前提，所以在微表处施工前，必须有一套合理的配合比设计作为现场施工的指导。合理的集料级配是提高微表处混合料的性能的关键之一。级配越细抗磨耗性能越差，构造深度较难达到，级配越粗摊铺越困难，噪声越大。石料经过 9 mm 方孔筛筛除较大颗粒，以使铺筑的路面更均匀，并避免微表处摊铺时由于刮板作用在粗颗粒后留下刮槽，经过反复权衡及试验比较，选用Ⅲ型偏粗的级配。

1. 稠度试验

稠度试验用水量的多少与试验温度与湿度有很大关系，ASTN D3910 及 ESSA106 试验方法中，规定本试验必须在 25℃ +1℃ 的条件下进行，考虑到各地很难达到此要求，而且与实际施工的条件不一致，因此规程要求在室温下进行即可。在外加水量为 4% 时，稠度为规范下限，外加水量为 6.5% 时，稠度为规范上限，由于稠度试验与现场施工的温度、湿度等有着很大的关系，试验室所做的稠度试验往往在现场难以进行，因此在现场施工时用水量可以做相应的调整。

2. 黏聚力试验

黏聚力试验是测定试件在 0.193 MPa 压力下不同时段的最大的扭矩，以确定稀浆混合料的固化时间，每一组试件采用多个平行试件，每隔 30 min 扭转一次，直到试件的最大扭矩值，早期开放交通的时间大约需要 1.5 h。

3. 湿轮磨耗试验

湿轮磨耗试验是模拟行车轮胎与路面的磨耗作用，检验设计的混合料的配比能否满足行车磨耗的需要，其重点是检验微表处中沥青含量是否充足。湿轮磨耗试验是按规定的成形方法，将成型后的稀浆混合料试件放在水中，用磨耗头磨耗 5 min，测定磨耗损失。微表处要求浸水 1 h 的 WTAT 值要小于 537 g·m^{-2}。

4. 负荷车轮试验

随着改性乳化沥青用量的增加，磨耗值有逐步下降的趋势，但是改性乳化沥青用量过多时，路面在高温气候下，将会出现泛油、波浪、油包、车辙等病害。为了防止这种现象的出现，对微表处混合料进行了负荷车轮试验，以确定混合料中改性乳化沥青用量上限。微表处要求 LWT 试验黏砂量要小于 450 g·m^{-2}。

5. 黏附性试验

把油石比为 7% 的改性乳化沥青混合料放入 100℃的沸水中煮 3 min，通过观察 3min 后混合料上的沥青并没有明显的脱落，裹覆面积约 95%。试验证明沥青与石料的裹覆能力非常好，满足施工要求，油石比也满足需求。

6. 配合比

通过试验室相关配比试验，确定以下数据：粗、细集料掺配比例为 3∶7；沥青用量为 6% ~ 7.2%；外加水量为 4% ~ 6%；水泥添加量为 1%；在施工时，油石比波动应控制在 6.5% ~ 7.2%，用水量尽量取下限。

（四）施工工艺

所选择路段没有局部凹陷，所以试验没有使用 V 形车辙摊铺箱摊铺找平层，填平凹陷。考虑在春季施工，天气不炎热，相对湿度为 60% 以上，路面不是十分干燥，摊铺施工前选择不洒水。

在现场摊铺时，乳化沥青和集料的用量按照设计配合比，没有改动。为达到最佳施工性能微调了用水量。乳化沥青稀浆混合料在进入摊铺箱后应保持所要求的黏稠度和稳定性，混合料过于稠，容易在摊铺箱内过早破乳，稀浆的流动性过差还会影响铺层的平整度，会在刮平器的作用下留下刮痕；如果过稀则混合料会离析，含有大量沥青的细料会漂在上面影响路面的摩擦因数，并导致泛油，也将影响与原路面的黏结力，稀浆混合料流动性过好，还会流向低处而造成厚薄不均的铺层。在混合料的配比设计中，最佳的用水量已经被确认，但在现场由于集料的含水量，环境温度，湿度路面的吸水情况等条件都会偏离试验室的原有情况，因而在现场还根据实际情况对用水量做一些调整，以保证混合料合适的黏稠度，但应该在设计允许的范围内。

为了尽可能地减少横向和纵向的接缝，横向接缝通常容易隆起和出现补丁样的现象，这是在材料用完提起摊铺箱时带起混合料造成的，必须在车辆离开现场重新装料时用人工修整；另一种情况是重叠的搭接头过大造成的凸起，横向接头的搭接量应该尽可能减至最小，为了解决这个问题，可以用油毡或铁皮放在已经摊铺的路面上，将摊铺箱置于其上时有一定的重叠，待摊铺后再将油毡和其上的混合料一起移走。纵向的接缝与其他构造物衔接平顺，无污染，摊铺范围以外无流出的稀浆混合料；表面粗糙，无光滑现象。

养护质量控制要求为：①养护成型期内气温为 20 ~ 25℃；②施工养护2 h，路面达到开放交通要求，撤回安全标志，开放交通。

（五）检测评价

从外观看来，微表处施工后经过半月的通车使用和连续多天的多雨天气检验，微表处路面完好，黏结力强，微表处改性乳化沥青与石料及原路面的黏附性强。但从外观看，也存在些许施工瑕疵，主要是试验段过短，施工来不及调整的缘故，有待在大规模施工时进一步改进。整体上，微表处混合料各项性能均达到路用性能要求，试验段取得了成功。

微表处施工后路面的平整度和抗滑性能得到改善，降低噪声 4 ~ 5 dB，这对于市区降低噪音效果明显。另外，路面渗水明显减弱，微表处施工后路面几乎不透水，能够防止路面水进入路面结构和路基，减少沥青路面水损害的发生。

五、小结

本试验分析了影响沥青乳化效果和破乳时间等的因素，着重分析了阳离子乳化沥青的乳化作用原理，改性乳化沥青中沥青颗粒密度修正及其对乳化效果及稳定性的影响分析，进行了反应性 SBS 改性沥青的微观及其乳化生产可能性分析，为乳化沥青的研制提供了理论指导；介绍了利用国际先进的自动化沥青乳化设备进行 SBR 改性乳化沥青和乳化 SBS 改性沥青研制和评价测试设备和工艺技术；对比了两大类改性乳化沥青的生产工艺、性能及成本；创新地使用复合改性的方法降低 SBS 改性沥青的乳化生产难度，在试验室生产出了性能优良的 SBS 改性乳化沥青，同时从理论上分析了工业化生产 SBS 改性乳化沥青的可行性；探索了用 SHRP 手段评价乳化沥青蒸发残留物的方法；研究了微表处混合料的性能，对比了 SBS 改性乳化沥青及 SBR 改性乳化沥青这两大类结合料拌制的微表处混合料的性能；应用正交试验设计手段，研究了乳化改性沥青微表处混合料的设计方法，进一步从混合料设计方面提高了其路用性能。同时，利用试验室制得的 SBS 改性乳化沥青和 SBR 胶乳改性乳化沥青，对微表处混合料进行了全面试验和研究。尤其对影响微表处混合料的性能和拌和时间、凝结时间等的各种因素进行了全面细致的对比和研究。

研究结果表明：SBS 改性沥青具有优良高温性能及低温性能，但同时具有高黏度和难乳化的特点，采用常规的沥青乳化工艺乳化效果较差，难以得到稳定的 SBS 改性乳化沥青乳液。所提出在 SBS 改性沥青生产过程中加入新型助剂，进行高温减黏乳化的研究思路和工艺技术是可行的。研制出的 SBS 改性乳化沥青，降低 SBS 改性沥青的乳化难度，大大提高了乳化改性沥青的路用高温稳定性。新型乳化 SBS 改性沥青生产难度比常规改性乳化沥青低，性能更优良。

当前的微表处工程大多采用 SBR 改性乳化沥青作为结合料，SBR 改性乳化沥青的高温性能不及 SBS 改性乳化沥青的高温性优良。但 SBS 改性沥青乳化生产难度大，一般必须使用进口设备，且其储存稳定性不好控制。文中对其工艺配方进行了优化，生产出了稳定的 SBS 改性乳化沥青。研究发现，用 SBS 改性乳化沥青拌制的微表出混合料性能均不逊色于 SBR 改性乳化沥青，但其成本低于 SBR 改性乳化沥青，适合用于微表处。

采用 SHRP 性能分级方法对乳化沥青蒸发残留物进行研究，并省去旋转薄膜烘箱老化过程以修正 SHRP 方法，能很好模拟乳化沥青施工不需要加热，没有短期老化只有长期老化的过程。用 SHRP 性能分级手段评价乳化沥青蒸发残留物能准确地反映沥青的路用性能，是可行的。

微表处是一种脆弱的体系，它随温度、湿度、材质特点等因素的变化显著。在华南地区的高温度、高湿度条件下，加入特种水泥既能提高微表处混合料的拌和时间，又能缩减开放交通时间。

172

第二节　乳化沥青雾封层路表处治施工技术

一、雾封层概述

雾封层技术是在沥青面层上喷洒一层薄薄的、高渗透性雾封层材料——乳化沥青（无集料），一般喷洒量为 0.23 ~ 0.45 L·m^{-2}，对路面进行间接式"输血"，从而恢复路表沥青黏附力，能填补路面轻微裂缝和空隙，防止路表水下渗，起到隔水防渗、保护路面的功能，最大限度地减少路面的水损坏，增大路面集料间的黏结力，能满足施工后短时间内就可以通行的需求。

（一）雾封层的作用

雾封层可以封住、保护、再生原有表面层结合料，增加的雾封层沥青可以起到表面层防水的作用，减少由于空气和水渗透引起的表层沥青老化问题，同时也可以防止脱落，稳固集料，改善外观等作用。

（二）雾封层应用条件

雾封层应用条件有以下 3 个。

（1）路面无结构性病害，具有良好的整体稳定性，路面仅存在少量温缩裂缝、轻微的纵横向裂缝。

（2）可用于沥青膜脱落，剥离、松散，轻微渗水等沥青路面早、中期病害；也可用于中等程度纵横向裂缝的路面、松散的路面、沥青老化严重的路面。

（3）采取雾封层后不能立刻开放交通，需要封闭交通两天，待防护剂完全固化后才能开放交通。

（三）雾封层施工工艺原理

沥青路面的很多病害都是由于水造成的，有效的预防路面水是非常必要的，而路面雾封层技术是一种很直接、有效和经济的预防性养护措施。雾封层是在沥青面层上喷洒一层薄薄的、高渗透性雾封层材料，初期能改变路容路貌，经过长时间通车碾压，黏在路面石料表面的沥青会因行车摩损而失去一部分，但是石料间隙之间所存留的沥青会形成一层严密的防水层将路面封闭，起到隔水防渗、保护路面的功能，最大限度地减少路面的水损坏，从而增大路面集料间的黏结力，延长路面使用寿命。雾封层作为一种沥青路面的预防性养护措施，其经济、迅捷，能有效地防止沥青路面的水损坏，比较适用于高速公路的特殊养护条件和要求。

根据以往的施工经验，每年的秋末冬初或春末夏初是路面雾封层施工的最佳时机，及时的雾封层处理可以有效地防止路面水的渗透，并对轻微裂缝起到填补作用。同时建议，每年进行一次雾封层施工将大大减少汛期雨水和冬季雨雪天气对路面造成的损害，提高路面的性能延长路面使用寿命。

二、雾封层应用实例

（一）试验段的概况

云南思小高速公路，起自思茅止于西双版纳小勐养，全长 97.75 km。按山岭区四车道设计，设计时速为 60 km/h，路基宽 22.5 m，设计荷载为汽车 – 超 20 级，挂车 –120。路面结构设计上面层（4 cm）为 SMA–16 中粒式 SBS 改性沥青混凝土，中面层（5 cm）为 AC–20 中粒式 SBS 改性沥青混凝土，下面层（6 cm）为 AC–25 粗粒式沥青混凝土。

该路地处热带雨林区，高温多雨，夏天平均气温 28℃，连续 7d 最高气温 40℃以上，沥青路面表面温度达 68℃左右，全年平均降水量 1 212.4 ~ 1 540.9 mm，降雨日数 170 ~ 195 日，占全年的 53%。这样的气候条件，对沥青路面的高温稳定性、水稳定性、抗疲劳性等路用性能提出了严峻的考验。

思小高速公路经交通部交公路发〔2002〕635 号文批准，于 2003 年 6 月 20 日正式开工建设，2006 年 4 月 6 日通车。2008 年 9 月 18 日至 9 月 27 日云南省交通厅工程质量监督站组织云南公路工程试验检测中心、思小高速公路指挥部及施工单位对思小高速公路进行了竣工验收检测，路面状况指数：PCI = 95.3 > 80；行驶质量指数 RQI = 93.3 > 801 路面强度指数：SSI = 98. 9 > 80；抗滑因数之摆式仪摆值 = 61.2 > 42。路面综合评价指标 PQI = 93.8 > 85，各项指标达到优良的标准，符合实施预防性养护的基本要求。为了及时处理现有病害，预防和减缓预期病害的发生，进一步提高路面的服务质量，避免后期更多的养护投入和更高的养护费用。受思小高速公路建设指挥部的委托，云南省公路科学技术研究所承担了思小高速公路的预防性养护设计任务。

2009 年 4 月，在思小高速公路上行线 K467+000—K469+000 段进行雾封层试验路施工。

该段高速公路全长 2 km，双向四车道，沥青混凝土面层总厚度 15 cm；从目前的路面观察发现如下病害。

（1）沥青路面具有良好的强度，个别路段显示表面干涩，局部显示有细微裂缝。

（2）沥青表面细集料散失，有一定的空隙和透水性。

（3）由于雾封层适用于道路具有满足行车需要的强度，可以对路面表面干涩、老化、有细微裂缝、路面透水、中轻度松散进行处理。

根据以上具体情况，该路段适宜用雾封层进行早期养护。

（二）施工前准备工作

1.路况调查

正式施工前，必须对施工路段的所有病害进行一次细致的调查，并登记造册；对未处理到位的病害要重新处置，不留施工质量隐患；对路面的渗水系数、路面摩擦系数、构造深度进行检测，平均 200 m 左右，特殊部位自行加密测点；为下一步的施工作好数据准备工作，同时也可进行施工前后的数据对比，以反映施工效果。

2.机具选择及组合

路面雾封层施工采用 GYLP1362D 型智能沥青喷洒车（雾封层专用车）进行机械化施工，该设备的喷洒部分经过改装，突出雾状喷洒；配置有计算机控制系统，可精确控制洒布量，性能可靠；洒布宽度可在 0 ~ 620 cm 之间以12.5cm 为档次任意调节，可轻松满足特殊路段的施工要求并大大提高工作效率和喷洒质量。

3.材料选择

（1）材料要求。雾封层要求使用材料必须具有合适的黏度以具有良好的流淌性、适用于机械施工并能够缓慢渗透快速成型的特点。在综合考虑材料特性并结合工程成本，我们计划在该试验段采用河南省威森德道路材料有限公司生产的施密特雾封层专用材料，其各项技术指标均应满足规范的要求。贮存稳定性根据施工实际情况选择试验天数，通常采用 1 d。此时要求雾封层材料运至工地后存放在附有搅拌装置的贮存罐内，并不断地进行搅拌，否则不准使用。

（2）技术要求及生产。技术要求见表 5-19。

表 5-19　施密特专用道路养护剂的主要技术指标

试验项目	单　位	PCR	试验方法
破乳速度		中裂	T 0658
筛上剩余量（1.18 mm 筛）	%	不高于 0.1	T 0652

续　表

试验项目		单　位	PCR	试验方法
电荷			阳离子正电（＋）	T 0653
恩格拉黏度（25℃），E			1 ~ 10	T 0622
沥青标准黏度 $C_{25,3}s$		s	8 ~ 25	T 0621
蒸发残留物含量		%	50 ≤（慢裂）≤ 57 50 ≤（快裂）≤ 55	T 0651
蒸发残留物性质	针入度(100 g, 25℃, 5 s)	0.1 mm	40 ~ 120	T 0604
	软化点（℃）	℃	不低于 50	T 0606
	延度（5℃）	cm	不低于 20	T 0605
	溶解度（三氯乙烯）	%	不低于 97.5	T 0607
贮存稳定性 /（%）	1d	%	不高于 1	T 0655
	5d	%	不高于 5	T 0658

（3）乳液的选用。原样材料包含 50% 的水，但是还需要进一步稀释才能使用，使用前需要先搅拌涂料以防止涂料中各种成分离析，并检测其中各种指标。

（4）稀释用水。水的配伍性检验可取少量乳化俩样品在烧杯中做配伍性混合试验（1 L 左右）。稀释材料搅拌 2 ~ 3 min，然后通过 150 μm 湿润筛子，筛上剩余量超过 1% 的话，水为配伍性不合格，这会导致堵塞设备的现象发生。

（5）添加剂。不配伍的水可以加入 0.5% ~ 1% 乳化剂（乳化沥青生产单位应该提供配伍性溶液的配置建议），皂液水需要倒入水罐经过水泵循环10 ~ 15 min 后再加入原样乳化沥青中。稀释涂料在雾封层施工前存放不超过24 h。这主要是为了防止稀释乳化沥青破乳。稀释时一般是把水加入涂料中，而不能采用相反的工序。

4.设备准备

路面雾封层施工应采用智能型全自动沥青喷洒车进行机械化施工，并配置性能可靠的计算机控制系统，由电脑控制洒布全过程，沥青喷洒量精度为0.01 kg/m²。可根据施工需要即时控制洒布量，随机调节洒布宽度。雾封层施工拟投入设备见表5-20。

表5-20 拟投入的主要施工机械设备表

序号	机械或设备名称	型号规格	数量	国别产地	制造年份 年	额定功率 kW	生产能力	用于施工部位	备注
1	清扫设备	QS5262	1	河南	2006				
2	雾封层洒布车	ZZ5262	2		2004		30 t		
4	乳化沥青生产车间		1	河南	2007		$10\ t \cdot h^{-1}$		
5	沥青储存罐	移动50t	2	山东	2003		50 t		
6	盖板	个	4	河南	2006				
7	安全布控用路障设施	套	1						
8	其他设备	套	1	河南	2007				

6.洒布量

正式施工前，选择有代表性的 200 m 路段作为试验段，选择 3 个洒布量进行洒布，测量洒布机参数，行走速度，开放交通时间。实干以后进行摩擦系数、渗水系数、构造深度等检测，最终确定材料的用量。通过试验，确定思小高速公路雾封层最佳洒布量为 0.6 kg/m² 进行洒布。

（三）施工工艺流程

施工工艺流程如下。

（1）封闭交通。按《公路养护安全作业规程》（JTGH30—2004）进行道路封闭，先由交通安全管理人员将交通封闭。为了保证施工人员、设备以及行车的安全，所有工作都应地封闭交通后进行，在施工过程中，必须保证有一名安全员指挥交通。

（2）原路面处理。雾封层施工前必须用清扫器或压力吹风机清除路面尘土、杂物，若不能达到"除净"要求，则用水冲洗，在路面干净、干燥后施工。水洗路面一般经过 24 h 后施工；当路面有大块油污时，应将其清除，以保证雾封层材料与原路面的黏结；如路面存在裂缝、剥落、坑槽或松散等病害，则先完成裂缝封缝坑槽修补等处理。

（3）设备调整及标线覆盖。雾封层会污染标线及道钉，因此，在雾封层施工前必须封盖好标线和道钉，施工完毕后开放交通前清除这些护盖。

（4）洒布机调整。根据施工的顺序，将装满材料的洒布机开到施工起点，并调整好洒布机的洒同布宽度和洒布量。

（5）洒布。

1）标定洒布量，乳化沥青洒布量换算。工程核算时一般采用材料质量单位，而施工设备计量采用体积指标，所以标定设备时应该根据温度条件选择有代表性的材料密度值，然后依据试验段的质量洒布量换算成体积指标进行洒布设备标定。

2）将装好料的洒布车开至施工起点，对准走向控制线，清理喷嘴，调整喷杆高度，喷嘴开度，喷洒压力。

3）施工时可在起点处铺垫一块油毡，当洒布机前进后，将油毛毡拿走，这样可以保证一个非常平整的起点和良好的外观。

4）开动车辆，开始喷洒。

5）局部人工补洒。对于标线附近处不利于机器洒布的地方适宜使用人工喷涂。

6）养生。雾封层洒布后应该进行养生，养生时间一般为 2 ~ 4 h。

7）现场各项指标检验。雾封材料基本实干后，要进行渗水因数、摩擦因数检验、构造深度指标检测。

8）开放交通。雾封材料实干后，须进行渗水因数、摩擦因数检验，只有当摩擦系数达到养护规范中的良好等级要求时，才能开放交通，否则需采取撒细砂进行处理后方能开放交通。

（四）质量控制要点

质量控制要点如下。

（1）接缝施工。横向接缝处理不好将影响外观或导致局部多油，因此，要尽可能减少横缝的数量，减少停机时间。当洒布机所携带的材料已经用完时，下一车的摊铺应从上一车的终点倒回 2 ~ 4 m 的距离，铺好油毛毡再开始洒布，洒布后，拿走油毛毡。

（2）人工洒布。有些路段不适于机械摊铺，须通过人工洒布来完成，或抹灰滚筒来完成。涂层以两涂为好，基面清理后施工第一遍涂料，以保证涂料能充分渗入沥青表面的毛细孔，封闭毛细孔，形成防水层。施工第二遍涂料，要待第一涂料实干后，才能进行，确保没有遗漏点和面。施工必须均匀，不能有涂料堆积现象，也不能漏涂。

（3）特殊天气的施工。温度、湿度、风力都会影响封层材料的破乳，影响养生时间，施工过程中应该做好温度、湿度、风力、养生时间的记录，气温低于 10℃，地表温度低于 15℃不要施工。雨天不能施工，下雨后，要等到路面干燥后才能施工，施工中遇雨应该立即停止施工，被雨冲掉的涂料，应该重新洒布，洒布量应该重新测定。

（五）施工质量检验

（1）质量检验标准。雾封层施工质量验收标准可参照我国沥青路面验收规范进行。对未规定的内容参照我国《公路工程质量验收评定标准》（JTJF80/1—2004）执行。云南省公路科研所于 2009 年 4 月 25 日进行了雾封层试验路施工质量检测。

（2）摩擦因数在雾封层前后的变化。路面摩擦因数在雾封层施工完后有明显下降，但在通车一段时间后（7 d 后）摩擦因数有所恢复，约 30d 的路面在行车作用，使雾封层表面油膜逐渐流失接近雾封层施工前原路面的摩擦因数指标逐渐提高。

（3）渗水因数在雾封层前后的变化。路面渗水因数在雾封层施工后明显减小，从雾封前的 40 ~ 80 mL·min^{-1} 降低到雾封后的 20 mL·min^{-1} 以内。检测数据说明，雾封层施工后路面抗渗水性明显提高，基本达到预防性养护效果。

三、小结

通过对思小高速公路雾封层试验路段及部分施工路段的抽检，并对抽检数据进行处理分析，及路面表面状况的调查，可以得出下述结论。

（1）抽检路段的渗水因数、构造深度等项指标均满足设计、规范要求，并保持着较好的服务水平。

（2）雾封层填补了小型裂缝和表面细小空隙，更新和保护了表面沥青膜，有利于减级表面沥青的剥落及老化现象。

（3）雾封层喷洒较均匀，施工后的路表面全面更新，外观良好。

（4）雾封层由于喷洒量 0.6 kg·m^{-2}，只适用于对路面结构完好的路面采取有计划的预养护处理，不适用于有严重病害或有坑塘等缺陷的路面养护。

第六章　泡沫沥青冷再生改性技术研究

从 20 世纪 80 年代后期起，我国开始建造高速公路。到 2018 年底．中国的高速公路总里程已达到 14.26 万千米，其中，2018 年增加 0.61 万千米。但是由于设计、施工、养护管理、交通运输负荷的增加等诸多原因，路面出现变形、车辙、磨损、裂纹等早期损坏的现象屡见不鲜。根据我国目前修建道路的情况，按照沥青路面的设计寿命 (15 ~ 20 年)，20 世纪 90 年代以后陆续建成的高速公路已进入大、中修期。如果采用传统的方法将大量翻挖、铣刨的沥青混合料废弃，一方面造成环境污染，另一方面对于我国这种优质沥青较为匮乏的国家来说是一种资源的极大浪费。因此必须采用一种既能维持道路的正常运营，又能合理处置废旧路面材料、保证翻修后道路使用性能的更为经济适用的路面再生技术。

沥青路面再生技术 20 世纪 80 年代后期在德国、意大利、荷兰、英国等工业发达国家得到了迅速发展，目前已成为国际上道路维修改造的主要方法之一。在美国，许多州通过法规，沥青路面要 100% 再生、再利用。沥青路面再生技术的 3 种常用方法 (现场冷再生技术、现场热再生技术和工厂热法再生技术) 中，如果从节约能源和运输费用的角度看，现场冷再生是最合适的方式。由于泡沫沥青处治的材料范围比较广泛，可包括各种沥青路面和基层及含塑性指数的稳定土材料，因此将泡沫沥青作为道路现场冷再生的一种再生剂和稳定剂，有其突出的特点。

第一节　原材料选择与制备工艺

一、泡沫沥青的机理及其特点

泡沫沥青（Foamed Bitumen）又叫膨胀沥青，通过向热沥青中加入一定量的经过精确计量的冷水 (通常为沥青质量的 1% ~ 2%) 就可以制成泡沫沥青。当注入的冷水遇到热的沥青时，沥青体积发生膨胀，因而会产生大量泡沫。表面活性进一步增强。对于黏度值较大或高等级的沥青，通常需要加入一定压力，促进泡沫的生成。在发泡的过程中，沥青的黏度显著降低，从而能与高速搅拌状态下的冷湿集料具有很好的裹覆性能，而且这种裹覆作用在常温下只针对集料中的细集料。通过裹覆细料形成高黏度的沥青胶浆，并在压实作用下黏结粗集料形成强度，增加了混合料的黏聚性。

（一）泡沫沥青的各种技术指标

衡量泡沫沥青品质的主要技术指标是膨胀比和半衰期。膨胀比也叫发泡倍数，是指最终形成泡沫沥青的体积（最大体积）与最初未泡沫化时的沥青原始体积之比。通常，这个比率应是 15 ~ 20 倍。半衰期也叫稳定性或连续时间，它是指泡沫沥青达到最大体积后缩小到最大体积 50% 时所用去的时间。半衰期以秒记，通常其数值为 10 ~ 155 之间。对于这两个参数，目前国际上还没有统一的规定，原则上，膨胀比越大，半衰期越长，泡沫沥青的品质越好。但是通常膨胀比与半衰期的变化趋势是相反的，如图 6-1 所示。

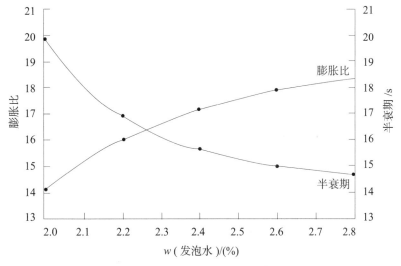

图 6-1　加水量与膨胀比及半衰期的关系

（二）沥青发泡的原理

沥青发泡的基本过程是当冷水滴与高温沥青（140℃以上）接触时，水转化成蒸汽，形成大量气泡，使沥青的体积发生膨胀，形成大量的沥青泡沫，经过很短的时间沥青泡沫破裂，在 1 min 内沥青又恢复原状。整个过程仅仅是沥青暂时的物理变化，没有发生化学反应。研究人员对泡沫沥青的机理进行了分析，指出泡沫沥青是一种水饱和沥青。而当泡沫沥青与集料接触时，沥青泡沫瞬间化为数以百万计的"小颗粒",散布于细粒料(特别是粒径小于 0.075 mm)的表面,形成黏有大量沥青的细料填缝料,经过拌和、压实,这些细料能填充于湿冷的粗料之间的空隙并形成类似砂浆的作用,使混合料达到稳定。

(三)泡沫沥青混合料的特性

将配好的集料于拌锅中在搅拌状态下加入拌和用水,之后将拌锅与发泡试验机对接起来,搅拌状态下喷洒泡沫沥青,30 s 后倒出,最后将拌好的混合料制成标准的马歇尔试件(双面击实,每面 75 次)。试件在室温下养生 24 h 后脱模,再置于 40℃的通风烘箱中养生 72 h。试件养生进行相关的性能测试。

1.沫沥青混合料的密度和空隙率

研究表明,蜡封法测定的结果要略大于表干法,但是由于二者相差不超过 0.7%,因此,测定泡沫沥青混合料密度时,可以采用表干法代替蜡封法。一般情况下,泡沫沥青混合料的平均密度要小于热拌沥青混合料的密度,这可能由于泡沫沥青混合料不如热拌料容易击实所致。混合料的空隙率是决定沥青混合料最佳沥青用量的一个标准,同时也是影响混合料性能的一个重要方面。

2.泡沫混合料的强度

在不同的泡沫沥青含量下,新集料的干 ITS 值在 0.3 ~ 0.5 MPa 之间,而 RAP 的干 ITS 值在 0.35 ~ 0.62 MPa 之间。两者的强度水平均低于热拌沥青混凝土典型的强度值 (0.8 ~ 1.50 MPa),因此该混合料不能满足高等级道路面层的要求,但是其强度水平满足基层材料的要求。国外的相关经验也表明,泡沫沥青混合料适合作为高等级道路的基层和低交通量道路的面层。

3.泡沫沥青混合料的水稳性

泡沫沥青的空隙率较高,一旦有水进入其内部,将会造成水损坏。因此,其强度特性与含水量密切相关。采用湿 ITS 评价混合料的水稳定性能,在测试前要将养生过的试件浸入 25±1℃的水中 24 h。在水泥量为 0 的时候,其 ITS 值很低,说明其水稳定性较差;而加入的水泥量 0.5% 和 1.0% 时,其强度值明显增加,水泥的主要作用是改善混合料的水稳性。一般情况下,水泥量应控制在 2% 以下,这主要基于经济效益方面的考虑。

4.抗疲劳性能

抗疲劳性能是决定泡沫沥青混合料结构承载能力的一个重要因素。泡沫沥青混合料的力学特性介于粒料类和水泥处治类材料之间。Bissada 的研究表明,泡沫沥青混合料的疲劳特性高于乳化沥青处治的优质集料。

5.温度稳定性

泡沫沥青混合料的温度敏感性较常规的 HMA 低。泡沫沥青的高温稳定性和低温抗裂性均优于热拌沥青混合料。

二、泡沫沥青混合料配合比设计

（一）试验路段的选择

本书以云南玉元高速公路起止桩号为 K91+301—K203+412.3，全长112.091 km 的路面维修养护专项工程为依托，对泡沫沥青从设计到施工的速个过程进行叙述。该项目于 2010 年 4 月 6 日在 K117+700—K117+930 段上行线行车道铺筑了泡沫沥青厂拌冷再生试验路段。

（二）设计依据

（1）《公路沥青路面再生技术规范》（JTG F41—2008）。
（2）《公路工程沥青及沥青混合料试验规程》（JTJ052—2000）。
（3）《公路工程集料试验规程》（JTG E42—2005）。
（4）《公路土工试验规程》（JTG E40—2007）。
（5）《公路沥青路面施工技术规范》（JTG F40—2004）。

（三）配合比设计

泡沫沥青冷再生混合料属于柔性材料，其设计方法和评价标准包括确定沥青的最佳发泡条件，确定集料的级配以及确定最佳泡沫沥青用量等几个方面。

1.沥青发泡特性

本次设计采用东海 70#A 级沥青，其试验结果见表 6-1。

表 6-1　东海 70#A 级道路石油沥青试验结果

试验项目	单位	实测值	技术要求	试验方法
针入度 (25℃，100 g，5 s)	0.1 mm	68.7	60 ~ 80	T 0604
软化点 TR&B	℃	48.2	不低于 45	T 0606
延度 (10℃、5 cm/min)	cm	92	不低于 15	T 0605
延度 (15℃、5 cm/min)	cm	大于 100	不低于 100	T 0605

发泡试验采用 LB10 对 SK70# 沥青进行，以确定发泡最佳效果。检测结果见表 6-2。

表 6-2　泡沫沥青发泡特性

发泡用水量／（%）	发泡温度	
	160/℃	
	膨胀率／倍	半衰期/s
2	11	8
2.5	12	8
3	12	7

由试验结果可知：该种沥青发泡特性一般，满足泡沫沥青的最低发泡标准，即膨胀率 >10 倍，半衰期 >8 s；本次设计采用该种沥青，并且选择了如下的发泡条件：发泡温度为 160℃；发泡用水量为 2.5%。

2. 集料的级配设计

集料采用扬武石料场 4# 料，回收沥青路面洗刨料（RAP）取样地点为 K108+000。

玉元高速公路泡沫沥青拌和站，其颗粒级配及掺配结果见表 6-3 及图 6-2。

表 6-3　颗粒级配及掺配结果

JTG F41—2008 表 5.5.2 中粒式要求	通过下列筛孔（方孔筛 /mm）的质量百分率／（%）						
筛孔尺寸 /mm	26.5	19	9.5	4.75	2.36	0.6	0.075
玉元旧沥青料	100.0	100	73	32	22	16	2.3
扬武石料场 4 # 细料	100	100	100	96.2	78.2	31.8	21.9
合成级配 RAP:4# 细料 80：20	100.0	100.0	78.4	44.8	33.2	19.2	6.2
规范级配范围	100	90～100	60～85	35～65	30～55	10～30	6～20

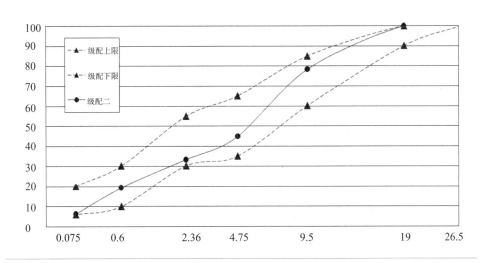

图 6-2　合成级配曲线

3. 活性填料

采用扬武水泥厂生产的 32.5 水泥，掺量为 1.5%。

4. 确定最佳含水率和最大干密度

对合成集料进行击实试验，确定最佳含水率：4.6%；最大干密度：2.182 g·cm^{-3}，结果如图 6-3 所示，合成集料配比为：RAP:4#=80 ∶ 20；水泥掺量：1.5%。

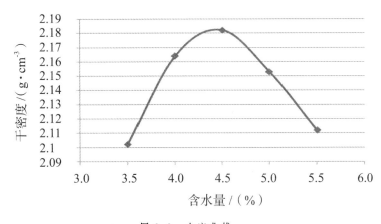

图 6-3　击实曲线

5. 泡沫沥青用量

不同泡沫沥青用量下的冷再生混合料的劈裂强度试验结果见表 6-4。

表6-4 劈裂强度试验结果

泡沫沥青用量/（%）	1.5	2	2.5	3	3.5
干劈裂强度/kPa	286	350	415	437	452
湿劈裂强度/kPa	253	301	367	381	409
残留强度比/（%）	88.46	86.00	88.43	87.19	90.49

综合考虑技术和经济的要求，建议泡沫沥青用量为2.5%。

（四）设计结论

综合考虑技术和经济的要求，建议泡沫沥青用量为2.5%。最终选定的配合比方案见表6-5。

表6-6 泡沫沥青冷再生混合料配合比方案

沥青发泡条件		合成级配		水泥用量（%）	泡沫沥青用量/（%）	拌和最佳用水量/（%）
温度/℃	用水量/（%）	RAP/（%）	4#/（%）			
160	2.5	80	20	1.5	2.5	4.6

第二节 泡沫沥青混合料施工

一、泡沫沥青混合料施工流程

作为发泡介质，最早使用的是加压水蒸气。将水蒸气喷入热熔沥青，使沥青迅速的泡沫化，这种工艺需要专门的蒸汽产生设备，并且高温蒸汽的计量与控制装置比较复杂，设备成本较高。1968年，澳大利亚的Mobiloil公司以冷水替代热蒸汽改进了原有生产工艺，使整个工艺及设备简化，并于1971年注册专利。如今冷水已成为通用的发泡介质，在工艺上也已经成熟。

最早使用的泡沫沥青发泡装置是专门的发泡器，沥青与发泡介质在其中混合，发泡后的泡沫沥青由配管分配到各个喷嘴处喷出，这种方式喷嘴易堵塞且喷洒量不易调节。现在多采用发泡器与喷嘴一体结构，即沥青与发泡介质在各喷嘴端头处(膨胀室)混合，发泡后喷出，如图6-4所示。

在这里，水被注入180℃左右的热沥青中，压力约为500 kPa。"就地"

产生的泡沫沥青通过喷嘴喷出后，立即与被处理的集料拌和在一起。这样使发泡装置结构紧凑，工艺简化，不仅可用于厂拌设备，而且也适用于车载式，实现了与稳定土拌和机配套，满足路面基层就地冷再生施工的要求。

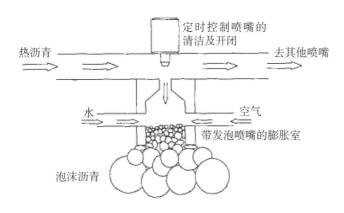

图 6-4　泡沫沥青生产工艺

（一）施工设备配置

施工过程中需投入一定数量的设备，主要设备配置表见表 6-7。

表 6-7　主要设备配置表

设备名称	单　位	数　量	备　注
KMA200 拌和设备	台	1	
装载机	台	2	
20～40 t 热沥青罐车（或罐）	台	1	保温性能良好
水车	台	3	
30～50 m³ 水泥料仓	套	1	
载重 20 t 自卸车	台	15	
HD130 双钢轮压路机	台	1	
20 t（自重）单钢轮压路机	台	1	
＞30 t 轮胎压路机	台	1	

（二）施工工艺

泡沫沥青厂拌冷再生施工工艺流程宜按如图 6-5 所示顺序进行。

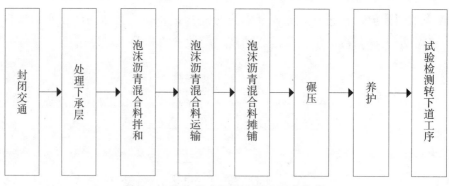

图 6-5　泡沫沥青厂拌冷再生工艺流程

（三）处理下基层

处理下基层注意事项如下。

（1）清除下基层表面的石块、垃圾、杂草等杂物，清除积水。

（2）测量准备，复核水准点高程，检查下承层标高。

（3）透层油洒布。

（四）泡沫沥青混合料拌和

泡沫沥青混合料拌和注意事项如下。

（1）采用 KMA200 型厂拌冷再生设备拌和。RAP 和新集料的用量由冷料仓进料速度来控制。在冷料输送带上取样在室内筛分以检验混合料的级配。设备有泡沫沥青和注水的精确计量装置。施工前对其进行了标定。

（2）开始拌和前，试验人员检查场内各种集料的含水量，计算当天的配合比。为了确保再生混合料在最佳含水量下碾压，拌和厂的外加水与集料天然含水量的总和应略高于最佳含水量。增加的用水量应根据气温、风力和空气湿度经试验确定，并尽快将拌成的混合料运送到铺筑现场。

（3）应根据集料和混合料含水量的大小，及时调整拌和用水量。

（4）将 RAP 和新加料按比例投放到拌和锅中拌和，按设计要求喷入水和泡沫沥青，拌和后的冷再生混合料应均匀一致，无结团成块现象。

（五）泡沫沥青混合料的运输、摊铺

（1）拌好的再生混合料应采用现场配备的大吨位的自卸汽车运输。运输车辆在每天开工前，要检验其完好情况，装料前要将车厢清洗干净，不得有水积聚在车厢底部。

（2）从拌和机向运料车上放料时，应分5次挪动汽车位置，以减少粗细集料的离析现象。汽车挪动放料示意图如图6-6所示。

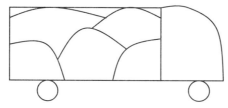

图6-6 汽车挪动放料示意图

（3）运料车应用篷布覆盖，用以保湿和防止污染，直至卸料时方可取下覆盖篷布。同时应保持装载高度均匀以防离析。

（4）运输车的运量应较拌和能力或摊铺速度有所富余。施工过程中摊铺机前方应有运料车2～3部在等候卸料。开始摊铺时在施工现场等候卸料的运料车不宜少于5辆。

（5）使用摊铺机连续摊铺时，运料车应在摊铺机前10～30cm处停住，不得撞击摊铺机。卸料过程中运料车应挂空档，靠摊铺机推动前进。

（6）拌和好的混合料要尽快摊铺。如运输车辆中途出现故障，必须立即以最短时间排除；当有困难时，车辆混合料不能保证在水泥初凝时间内完成摊铺和碾压时，必须予以转车或废弃。

（7）再生混合料运到摊铺地点后应凭运料单接收，并检查拌和质量。不符合质量要求，已经结成团块、已遭雨淋湿的混合料不得铺筑在道路上。

（8）传统的摊铺机即可摊铺厂拌冷再生的混合料，混合料中适度的水分可防止熨平板下的混合料发生"撕裂""脱空"等现象，熨平板不能预热，以防止混合料中水分散失过快而影响混合料的和易性。

（9）摊铺时采用一台摊铺机摊铺。摊铺机速度控制在2～4 m·min⁻¹范围内，摊铺中不得随意变换速度或中途停顿，摊铺机设自动找平装置，发现混合料出现明显离析、波浪、裂缝、托痕时应及时分析原因给以消除。雨天不能摊铺。

（10）螺旋布料器端部距物料挡板间距应在10～30cm之间，此间距超过30cm时必须加装叶片。摊铺过程中应在摊铺机后面设专人观察螺旋布料器布料是否均匀，是否产生离析、卡料或虚铺，一旦发生此现象应启动摊铺机全速旋钮迅速补料。

（11）严禁空仓收斗。收斗应在运料车离去、料斗内尚存较多混合料时进行，收斗后应立即连接满载的运料车向摊铺机内喂料。

（12）松铺因数应通过试验确定。摊铺过程中应随时检查摊铺层厚及路拱、横坡，并按使用的混合料总量与摊铺面积校验平均厚度，不符要求时应根据铺筑情况及时进行调整。

（六）泡沫沥青混合料的压实

泡沫沥青混合料的压实注意事项如下。

（1）摊铺成型后立即开始，初压采取 HM13T 钢轮压路机前静后振碾压 2遍，复压采用 2005DW 单钢轮压路机振压 2 遍，然后用胶轮压路机碾压 3 遍以上。终压采用 HM13T 双钢轮压路机碾压 2 遍，以消除轮迹。压路机碾压时可喷少量的水雾，以防止压路机轮黏结冷再生混合料。混合料中的含水量对压实至关重要，合适的水分含量可润滑集料，有助于压实。但过度的水分会导致混合料密度低，且水分会长时间的滞留在结构层中。混合料中过度的水分使摊铺后混合料的养生期间延长。

（2）压路机应从标高较低的一侧向标高较高的一侧碾压，最后碾压路中心部分，压完全幅为一遍。

（3）压路机应以慢而均匀的速度碾压，压路机的碾压速度符合下表的规定。

（4）碾压时应将驱动轮面向摊铺机。碾压路线及碾压方向不应突然改变而导致混合料产生推移。压路机起动、停止必须减速缓慢进行。严禁压路机在已完成的或正在碾压的路段上"调头"和急刹车，以保证铺层表面不受破坏。

表 6-8　压路机碾压速度

单位：km·h^{-1}

压路机类型	初　压		复　压		终　压	
	适宜	最大	适宜	最大	适宜	最大
单钢轮压路机	1.5 ~ 2	3	2.5 ~ 3.5	5	2.5 ~ 3.5	5
轮胎压路机			3.5 ~ 4.5	8	4 ~ 6	8
双钢轮压路机	1.5 ~ 2（静压）	5（静压）	4 ~ 5（振动）	4 ~ 5（振动）	2 ~ 3（静压）	5（静压）

（七）摊铺系数的确定

摊铺前由技术人员在未铺筑的路面上设置检测点，分别测出摊铺后厚度、分层碾压后厚度、碾压结束后厚度，计算出适宜的松铺因数，结果详见松铺因数见表 6-9。

表 6-9　泡沫沥青冷再生松铺因数表

桩　号	辅筑前相对高程读数	辅筑后相对高程读数	第一遍	第二遍	第三遍	第四遍	脚轮碾压后 /m	高差	松铺厚度	压实厚度	松铺因数
	m	m	m	m	m	m		m	m	m	
K122+380 右 3.1 m	1.476	1.368	1.378	1.389	1.39	1.396	1.396	0.028	0.108	0.08	1.35
K122+440 右 3.5 m	1.368	1.259	1.271	1.279	1.285	1.287	1.287	0.303	0.109	0.081	1.345
K122+500 右 2.9 m	1.224	1.119	1.128	1.135	1.14	1.143	1.143	0.024	0.105	0.081	1.312
K122+550 右 3.6 m	1.135	1.032	1.044	1.049	1.053	1.055	1.055	0.023	0.103	0.08	1.288
平均值											1.324

（八）施工中的横向接缝处理

施工中的横向接缝处理注意事项如下。

（1）用摊铺机摊铺混合料时，中间不宜中断。如因故中断时间超过 2 h，应设置横向接缝。应注意提高施工接缝技术，保证下面层质量。

（2）如摊铺中断时，而中断时间已超过 2 ~ 3 h，则应将摊铺机附近及其下面未经压实的混合料铲除，并将已碾压密实且高程和平整度符合要求（用 3 m 直尺确定）的末端挖成一横向（与中心路线垂直）垂直向下的断面，然后再摊铺新的混合料。横缝应与路面车道中心线垂直设置，并竖向垂直于路基表面。

（九）养生及交通管制

养生及交通管制注意事项如下。

（1）在不下雨且光照充足的条件下，一般养生期为 3 ~ 7 d。

（2）养生过程中，当冷再生结构层的含水量小于2%或者能够取出完整芯样的时候方可进行上面结构层的铺筑。

（3）在养生期间封闭交通，若冷再生混合料产生松散可通过雾封层（表面喷洒乳化沥青，喷洒量约为 0.2 ~ 0.4 kg · m^{-2}）来解决。

（4）养生过程中不得开放交通，养生结束后方可开放交通。

二、试验检测

试验路段铺筑过程中通过现场取样对混合料质量技术指标进行检测，结果见表6-10。

表6-10 泡沫沥青施工技术指标检测结果

检查项目	质量要求	检验结果	检验方法
压实度 / (%)	不低于98	99.4	基于重型击实标准密度
15℃劈裂强度 /MPa	不低于0.50	0.761	T 0716
干湿劈裂强度比 / (%)	不低于75	415	T 0716
马歇尔稳定度 /kN	不低于6.0	3.2	T 0709
残留稳定度 / (%)	不低于75	88.43	T 0709
冻融劈裂强度比 / (%)	不低于70	93.1	T 0729
含水量 / (%)	符合设计要求	4.6%	T 0801
车辙深度 /mm		3.035	

试验结果除马歇尔稳定度不满足要求外，其余均满足质量要求，根据《公路沥青路面再生技术规范》（JTG F41—2008）第5.5.3条规定，任选劈裂试验和马歇尔稳定度试验之一作为设计要求，推荐使用劈裂试验。

三、小结

（1）试验段采用的施工工艺、人力、机械组合满足施工要求。

（2）确定碾压工艺为初压采取HD13T钢轮压路机前静后振碾压2遍，复压采用2005DW振压2遍，然后用胶轮压路机碾压8遍以上。终压采用HD13T双钢轮压路机碾压2遍。

（3）确定松铺因数为1.324, 摊铺厚度为10.6 cm。

（4）最大干容重为2.182 g·cm^{-3}和最佳含水量4.6%。

（5）试验路段各项技术指标均符合规范设计要求，可作为工程的一部份保留。

（6）泡沫沥青可以由标准针入度的沥青制造，来源丰富。

（7）需要加人的沥青和水相对较少，从而使运输及材料费用降低。

（8）在摊铺及压实后，冷再生层可以立即开放交通，将交通干扰程度降至最小。

（9）采用泡沫沥青，再生材料的含水量可以得到精确控制。

（10）作为一项可持续发展的筑路策略，回收沥青（RAP）混合料冷再生极具潜力。泡沫沥青冷再生技术，用于道路维修养护工程。不仅可以解决传统道路维修价格高、浪费资源和污染环境等问题。而且可以充分利用旧有材料。具有节省能源、不产生污染等环保优势，是经济效益较高的路面修复技术，现正越来越多地被用于现场再生工程中，从环保角度看，道路的新建和维护尽可能多地利用 RAP 材料。

第七章　基于纤维增强应力吸收层的乳化沥青改性技术研究

第一节　纤维增强应力吸收层

一、纤维增强应力吸收层概述

沥青路面由于其表面平整、无接缝、行车舒适、振动小、噪声低等优点，在越来越多的国家得到广泛应用，但沥青路面对气温、降水和日照等自然条件十分敏感，经过自然气候长期作用，沥青材料不断老化，加之交通量逐年增长和行车荷载的积累、车辆大型化、超载严重、车辆渠化行驶等问题，使路面出现了早期破坏现象。为了不使沥青路面状况继续恶化，延长路面的服务周期，保持路面的使用性能，应采取积极有效地养护措施。针对我国沥青路面出现的开裂、渗水等破坏现象，本书在研究国外纤维封层技术的基础上，提出了一种新型预防性养护技术——纤维增强封层技术，它主要由一层纤维沥青应力吸收中间层和其上部磨耗层（薄层罩面或微表处）所组成。这种技术兼具应力吸收层和薄层罩面的特点，不仅增强了新旧路面间的黏结性能、减缓反射裂缝的形成，而且有效地改善了路面的服务功能，适用于提高原有沥青路面、桥面铺装以及水泥混凝土路面的防水性能、抗滑性能以及车辙、平整度的修复工作。本书主要以云南楚大高速天申堂纤维增强应力吸收层加薄层 SMA 罩面试验段施工，研究纤维增强封层组成材料性质和其路用性能，主要包括以下几个研究内容：对纤维增强应力吸收层组成材料性质进行研究，应力吸收层主要由改性乳化沥青和玻璃纤维组成，上覆薄层罩面选用 SMA 沥青混合料，在规范基础上对 SMA-10 级配进行调整，获得较好的路用性能。

194

（一）纤维增强应力吸收层的作用

纤维增强应力吸收层能够吸收摊铺层中的应力或车辆荷载产生的局部集中应力，重新分散和分布。通过纤维增强应力吸收层施工，大面积的分散减少了面层所承受的张力并有效抑制了裂缝的产生。

纤维增强应力吸收层能够吸收和分散旧沥青路面原有裂缝或路基的反射应力，消除旧沥青路面裂缝尖端产生的应力集中，能够有效地抑制反射裂缝出现，有效阻止了因车载负荷过重造成的路面破坏，极大地提高了道路的使用寿命。

（二）纤维增强应力吸收层的结构特点

（1）纤维增强应力吸收层是 1 层沥青 +1 层纤维 +1 层沥青形成的致密网络缠绕结构。

（2）二层沥青的连续洒布，更加提高了封层的密闭性，加之结构中起到加筋和桥接作用的纤维对于前后两层沥青结合料起到极强的吸附作用，它能非常容易地吸附沥青中的油分，增加其黏度和黏附力，能有效阻止沥青的流动，在原有路面上形成一层致密的保护膜，对沥青起到高温稳定、增韧阻裂的作用，从而避免了高温泛油造成的路面破坏，更好地防止了道路路基因水渗透的早期破坏，延长了道路的寿命。

（三）纤维增强应力吸收层的工艺原理

（1）纤维增强应力吸收层具有网络缠绕的独特结构，且纤维本身高抗拉伸强度和高弹性模量值的特性，有效地提高了纤维增强应力吸收层的抗拉、抗剪、抗压和抗冲击强度。

（2）铺设于旧沥青面层与新沥青面层之间的纤维增强应力吸收层，兼具极高的张力与弹力，加之独特的结构，对外界应力具有超强的吸收和分散功能。

（四）纤维增强应力吸收层的工艺流程

1.施工工艺流程

施工准备→做好节点、转角、排水口等局部部位的处理→坑洞处理→基面粗糙化处理与裂缝处理→第一层乳化沥青喷洒→第二层乳化沥青及纤维同时喷洒→养护并铺筑 SMA-10（厚 2.5 cm）路面层。

施工工艺流程如图 7-1 所示。

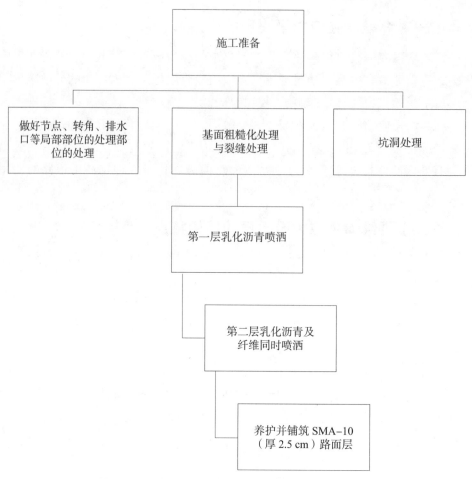

图 7-1　纤维增强应力吸收层及薄层罩面施工流程图

2.施工方法

纤维增强应力吸收层由专业的施工设备可以实现同时作业，无须特殊设备，极大的方便了施工。与传统使用的玻璃纤维网与土工织物相比，纤维增强应力吸收层有着明显的工期优势，完工后无需特殊的保护，而玻纤网与土工织物保护困难，在使用效果上，纤维增强应力吸收层采用不间断的网状分布，更有利于应力的分散。

二、纤维增强应力吸收层施工

楚大高速公路是上海—昆明—瑞丽国道主干线（GZ65）中的一段，是昆明通往滇西、滇西北、滇西南 8 个地州市的主要经济干线，是国家交通部和云南省"九五"期间的重点建设项目，也是云南第一条按照业主负责制，利用亚洲开发银行贷款和通过国际招标方式建设的高速公路。

路线全长 178.779 km。东起楚雄彝族自治州楚雄市达连坝，向西过南华县，进入大理白族自治州祥云县、弥渡县、大理市，止于漾濞彝族自治县的平坡。全封闭式四车道。全级共有 7 座立交桥，两个隧道，其中九顿坡隧道长 3.24 km，该路设计时速为 60 ~ 100 km·h⁻¹，1995 年 11 月 8 日开工，于 1998 年底完工。

公路设计为双向四车道，山岭区路基宽 21.5 m、重丘区 23 m、微丘区 24.5 m，桥涵设计车辆荷载：汽车 – 超 20 级，挂车 –120（现公路 I 级荷载）；最小平曲线半径 125 m；最大纵坡：平原微丘 3.95%，山岭重丘 6%；抗震设防烈度为 7 ~ 9 度。

楚大高速公路不良地质占线路总长 90%，软基长达 3 万米，占线路长的 17%。全线完成土石方 6 288 万立方米，平均 35 万立方米 / 千米。全线设有大桥 3 442.2 m/5 座，中桥 3 983.9 m/56 座，小桥 1 420.4 m/42 座，涵洞 15 098.8 m/455 道；沥青混凝土路面 357.2 万平方米，水泥混凝土路面 7 万平方米；互通式立交 8 处，分离式立交 25 处，半互通立交 1 处；隧道 7 858 m/2 座（九顶山、大风坝隧道）。

楚大高速公路 K55+300—K56+300 下行线纤维增强应力吸收层在高速公路沥青路面预防性养护工程中的应用试验路段，位于上海—昆明—瑞丽国道主干线（GZ65）楚大高速公路天申堂立交东侧，该路段坡陡、弯急、旧路面抗滑因数小、渗水较严重、弯沉代值过大，省交通厅组织有关专家和工程技术人员对该段工程进行了多次现场勘察，最后决定将云南省交通厅科技项目高速公路新型封层技术研究的依托工程选择在该段。

本试验路段开工日期 2008 年 12 月 1 日，竣工日期 2008 年 12 月 31 日，共完成纤维增强应力吸收层 10 400 m²。

（一）材料要求

（1）各类原材料的选择按照设计、规范要求标准进行，进场原材料进行检测，合格后才允许采用。各类原材料分仓堆放，并具有材料标识牌。

（2）纤维增强应力吸收层和封填裂缝所用改性乳化沥青必须满足中华人民共和国建材行标准《道桥用防水涂料》（JC/T975—2005）中的技术指标要求，见表 7–1。

表 7-1　纤维增强应力吸收层所用乳化沥青的技术指标

序　号	项　目		I 型	II 型
1	外　观		棕黑色或黑褐色液体，经搅拌后无凝胶、结块、呈均匀状态	
2	固体含量 /（%）		≥ 45	≥ 50
3	表干时间 / h		4	
4	实干时间 / h		8	
5	耐热度 / ℃		140	160
6	不透水性，0.3 MPa，30 min		不透水	
7	低温柔度 / ℃		− 15	− 25
8	拉伸强度 / MPa		0.5	1.0
9	断裂延伸率 /（%），不低于		800	
10	盐处理	拉伸强度保持率 /（%），不低于	80	
		断裂延伸率 /（%），不低于	800	
		低温柔度 / ℃	− 10	− 20
		质量增加 /（%），不高于	2.0	
11	热老化	拉伸强度保持率 /（%），不低于	80	
		断裂延伸率 /（%），不低于	600	
		低温柔度 / ℃	− 10	− 20
		加热伸缩率 /（%），不高于	1.0	
		质量损失 /（%），不高于	1.0	
12	热碾压后抗渗性		0.1 MPa，30 min 不渗水	
13	纤维增强应力吸收层与旧沥青混路面 20℃黏结强度 / MPa，不低于		0.4	0.6
14	50℃剪切强度 / MPa，不低于		0.15	0.20
15	50℃黏结强度 / MPa，不低于		0.05	0.10
16	接缝变形能力		10 000 次循环无破坏	

（3）作为胎体增强材料、用于纤维增强应力吸收层中的无碱玻璃纤维，其材质应满足《玻璃纤维无捻粗纱》（GB/T18369—2001）规定的以下要求：

1）外观：玻璃纤维无捻粗纱不得有影响使用的污渍。其颜色应均匀，纱筒应紧密，规则地卷绕成圆筒状，以保证退绕方便。

2）碱金属氧化物含量：无碱玻璃纤维无捻粗纱应不大于0.8%。

3）线密度：玻璃纤维无捻粗纱常用的线密度为150tex、300tex、600tex、900tex、1 200tex、2 400tex、3 600ex、4 800tex、9 600tex。线密度平均值相对于公称值的允差为±5%，其测定值的变异系数应不大于5%。

4）断裂强度：玻璃纤维无捻粗纱的断裂强度应不小于0.25 kN/tex。

5）含水率：玻璃纤维无捻粗纱的含水率应不大于0.2%。

6）浸润剂：玻璃纤维无捻粗纱应使用含偶联剂的浸润剂，制造商应标明适用树脂。可燃物含量应为公称值的±0.2或±20%，取较大者。

7）悬垂度：玻璃纤维无捻粗纱的悬垂度不大于50 mm。

（二）设备要求

1.施工机械设备

主要施工机械设备见表7-2。

表7-2　主要施工机械设备表

序　号	设备名称	单　位	数　量	用　途	备　注
1	钢丝打磨机	套	1	基面粗糙化处理	
2	真空吸尘机	台	1	裂缝处理	
3	沥青洒布机（带纤维剪切机）	套	1	纤维增强应力吸收层喷洒	
4	灌缝机	台	1	裂缝处理	
5	洒水车	台	1	路面清洗	
6	补路王	套	1	路面坑塘处理	
7	吹风机	台	1	路面打磨后吹干净	

2.检验及试验设备

主要检验及试验设备见表7-3。

表 7-3　试验室主要检验及试验设备

序　号	名　　称	型号规格	数　量	备　注
1	拉拔仪	精度 0.01 kN	1台	
2	3m 直尺		1台	
3	游标卡尺		2支	
4	电子测厚仪		1台	

（三）施工要点

1.坑洞处理与裂缝处理

做纤维增强应力吸收层前先要对基面坑洞进行修补，裂缝进行灌缝及封缝处理，如图 7-2 所示。

（a）　　　　　　　　　　　　　　　（b）

图 7-2　坑洞处理与裂缝处理

（a）基面坑洞进行修补；（b）裂缝进行灌缝及封缝

2.基面粗糙化处理

用钢丝打磨机清理旧沥青路面表面（基面），再用真空吸尘机在裂缝面吸出缝内的杂物。然后用水清洗路面，干燥后再施工应力吸收层，如图 7-3 所示。

（a）　　　　　　　　　　　　　　　（b）

图 7-3　基面粗糙化处理

（a）钢丝打磨机清理旧沥青表面；（b）用真空吸尘机在裂缝面吸出缝内的杂物

3.第一层沥青处理

用乳化沥青洒布机喷洒第一层沥青，如图7-4所示。

（a）   （b）

图7-4　第一层沥青处理

（a）用清水洗路面；（b）乳化沥青洒布机喷洒

4.第二层沥青及纤维处理

使用乳化沥青洒布机（配纤维剪切机）喷洒第二层沥青及纤维，如图7-5所示。

（a）   （b）

图7-5　第二层沥青及纤维处理

（a）使用乳化沥青洒布机；（b）配纤维剪切机

5.后期保障与修理措施

为了防止摊铺机轮碾和大吨位运输车辆破坏纤维增强应力吸收层，提出相应保障和及时修复措施如下。

（1）纤维增强应力吸收层施工并养护完毕后，重载料车、履带机等车辆上路行驶时注意不得侧移、掉头或急刹车。

（2）纤维增强应力吸收层施工并养护完毕后，重载料车等车辆上路行驶前注意清除掉车轮上的杂物，使车轮保持干净。

（3）保证施工完的改性乳化沥青表面无灰尘无砂石，防止车轮的碾压而使砂石破坏涂膜层。

（4）改性乳化沥青原则上严禁在雨天、雪天施工；五级风及其以上时不得施工。道桥用聚合物改性沥青水乳型（L型）防水涂料或聚合物改性乳化沥青施工环境气温宜为 5～35℃；铺设纤维增强应力吸收层时，气温应高于5℃、基面层的温度必须高于0℃，且下雨和风力大于五级时，不能进行纤维增强应力吸收层的施工。如果施工中途下雨时，应立即停止施工，并做好已施工段落周边的防护工作。

（5）纤维增强应力吸收层施工时，应先做好节点、转角、排水口等局部部位的处理，然后再进行大面积施工。

（6）聚合物改性乳化沥青涂层或水乳型（L型）防水涂料配料时不得混入已固化或结块的涂料。

（7）纤维增强应力吸收层的厚度、改性乳化沥青用量及胎体纤维增强材料用量应按照表7-4选用。

表 7-4　涂料厚度及其他材料用量表

防水等级材料类型	I 级（高速公路、一级公路）	II 级（二级及以下公路）
聚合物改性乳化沥青涂层或 L 型防水涂料厚度 /mm	^{3}1.2	^{3}0.8
无碱玻璃纤维 /（g·m^{-2}）	^{3}100	^{3}80

（8）聚合物改性乳化沥青水乳型（L型）防水涂料间设置的胎体增强材料及施工，采用无碱玻璃纤维并用同步切割喷涂技术，使防水涂料与胎体增强材料均匀的混合在一起，确保纤维增强应力吸收层的均匀，胎体增强材料的用量满足本规定。

（9）聚合物改性水乳型（L型）防水涂料的储运、保管应符合《道桥用防水涂料》中的相应规定。

（10）纤维增强应力吸收层喷涂完毕后，禁止车辆在其上行驶和非纤维增强应力吸收层施工作业人员在其上踩踏。在铺设SMA-10罩面层之前应对纤维增强应力吸收层进行保护、以防止潮湿和落上灰尘。

（11）纤维增强应力吸收层在未采取保护措施的情况下，不得在纤维增强应力吸收层上进行其他施工作业或直接堆放物品。

（四）纤维增强应力层施工质量控制

1.施工检测项目

（1）纤维增强应力吸收层施工检测应包括材料到场后的抽样检测和施工现场检测。

（2）材料到场后应按照相应材料的产品标准进行的抽样检测。

（3）施工现场检测应包括基面外观质量、平整度、旧沥青路面表面弯沉、纤维增强应力吸收层厚度和黏接强度试验、沥青混凝土摊铺温度等项内容。

2.施工现场检测标准

（1）一次连续施工、采用同一种施工方式、选用同一型号规格纤维、改性乳化沥青施工的纤维增强应力层每 10 000 m² 为一检测单元，不足 10 000 m² 亦可作为一检测单元，测区面积为 1 m²，数量按表 7-5 确定。

表 7-5　路面检测测区数量表

防水等级面积 /m²	Ⅰ	Ⅱ
不超过 1 000	5	3
1 000 ~ 5 000	5 ~ 10	3 ~ 7
5 000 ~ 10 000	10 ~ 15	7 ~ 10

（2）外观质量检查应符合表 7-6 的规定。

表 7-6　施工阶段外观质量要求

施工阶段	外观质量要求	检测范围
原沥青路面	1）表面应密实、平整 2）蜂窝、麻面面积不得超过总面积的 0.5%，并应进行修补 3）裂缝宽度大于设计规范的有关规定 4）表面应清洁、干燥，局部潮湿面积不得超过总面积的 0.1%，并应进行烘干处理	全路段
纤维增强应力吸收层	1）涂刷均匀，漏刷面积不得超过总面积的 0.1%。并应补刷 2）不得有空鼓、翘边 3）防水层和雨水口、伸缩缝、道牙衔接处应密封	全路段

（3）旧沥青路面的平整度。旧沥青路面的平整应小于 3 mm（3 m 长范围）。

（4）纤维增强应力吸收层与旧沥青路面间的黏结强度应达到表 7-7 的控制值。其他温度黏结强度应根据实验确定。

表 7-7　纤维增强应力吸收层与旧沥青路面间的黏结强度表

路面表面温度 / ℃	20	30	40	50
黏接强度 / MPa	0.4	0.3	0.25	0.2

（5）纤维增强应力吸收层与旧沥青路面间的抗剪强度应达到表7-8控制值。

表7-8　纤维增强应力吸收层直接与旧沥青路面间的抗剪强度表

路面表面温度／℃	20	30	40	50
抗剪强度／MPa	0.3	0.25	0.2	0.15

第二节　SMA-10薄层罩面施工

12月份的楚大高速公路天申堂路段，寒风凛冽，早上浓雾弥漫，伸手不见五指，路面上有一层白白的霜，太阳照射后霜开始融化，路面湿滑，刚好适合纤维封层薄层罩面的铺筑施工，从原材料的选取、目标配合比的设计到现场施工控制，通过多次反复试配，终于拿出了目标配合比，接着是生产配合的验证，最后开始第1 km施工，由于从昆明拌料运到天申堂，运距是220 km，材料运至现场6 h左右，而的铺筑结构又是新型纤维封层上面用2.5cm厚SMA-10薄层罩面，厚度2.5cm，摊铺温度损失太快，碾压时温度急骤下降，怎么办呢？通过反复试验后，试着在拌和时加入3%的Sasobit温拌剂，第2 km开始了，天气变得更恶劣，下午开始飘雪，料子到场温度降到120℃，可压路机上去后，料子柔性很好，碾压效果比不加Sasobit时更好，最后通过现场检测，各项指标均符合要求，而且该项技术应用还获得了新型纤维封层薄层罩面应用专利。

一、沥青混合料配合比设计

（一）原材料选择

1. 沥青

采用双龙牌SBS改性沥青，其三大指标要求：针入度40～60（0.1 mm），软化点大于70（℃），延度＞20（cm），检测结果见表7-9。

表7-9　SBS改性沥青检测指标

工程部位	SMA-10罩面层	生产厂家	中国航空技术广州有限公司
判定依据	JTG F40—2004	样品来源	碧鸡关沥青拌和站
样品名称	SBS改性沥青	代表数量	100T

续　表

序　号	检测项目		单位	技术指标	检测结果	结果判定
1	针入度（25℃，5s，100g）		0.1 mm	40～60	43	合格
2	针入度指数 PI，不小于			0	0.002	合格
3	延度 5℃，5 cm·min⁻¹，不小于		cm	20	24	合格
4	软化点 TR&B，不小于		℃	70	89.0	合格
5	运动黏度 135℃，不大于		Pa·s	3	2.14	合格
6	闪点，不小于		℃	230	312	合格
7	密度（15℃）		g·cm⁻³	实测	1.037	/
8	弹性恢复 25℃，不小于		%	85	87.9	合格
9	贮存稳定性离析，48 h 软化点差，不大于		℃	2.5	2.0	合格
10	薄膜加热试验 163℃，5 h	质量变化，不大于	%	±1.0	−0.786	合格
11		针入度 25℃，不小于	%	65	71	合格
12		延度 5℃，不小于	cm	15	18	合格

2．碎石材料

SMA-10 沥青碎石混合料罩面层采用间断级配配型，经检验其技术指标满足设计文件和施工规范要求。

罩面层粗集料采用昆明碧鸡关采石场生产的玄武岩 1#（4.75～9.5 mm）、2#（2.36～4.75 mm）料，而 3# 料 0～2.36 mm 的采用安宁隆瑞采石场生产的石灰岩，其石料具有质地坚硬、表面粗糙，形状接近立方体的特性，并有足够的强度，且其破碎集料必须具有良好的嵌挤能力。加工采用颚式破碎机初破，再用反击式破碎机联破，粒径规格符合规范要求。对进场粗集料每天检验一次，细集料每天上午、下午各检验一次。对于粗集料、细集料符合表 7-10～表7-12 质量技术要求。

表 7-10　粗集料 (3# 热料仓) 试验检测

碎　石	样品规格	3# 仓 (6～11 mm)	
碧鸡关采石场	代表数量	900 m³	
检测项目	技术指标	检测结果	结果判定

205

碎　石	样品规格	3# 仓 (6 ～ 11 mm)	
表观相对密度	不低于 2.60	2.887	合格
压碎值 / (%)	不高于 20		
坚固性 / (%)	不高于 12		
洛杉矶磨耗损失 / (%)	不高于 26		
吸水率 / (%)	不高于 2	0.80	合格
小于 0.075 mm 颗粒含量 / (%)	不高于 1	0.7	合格
针片状颗粒含量（小于 9.5 mm）/ (%)	不高于 18	10.5	合格

表 7-11　粗集料 (2# 热料仓) 试验检测

碎　石	样品规格	2# 仓 (3 ～ 6 mm)	
碧鸡关采石厂	代表数量	200 m³	
检测项目	技术指标	检测结果	结果判定
表观相对密度	不低于 2.60	2.846	合格
压碎值 / (%)	不高于 20		
坚固性 / (%)	不高于 12		
洛杉矶磨耗损失 / (%)	不高于 26		
吸水率 / (%)	不高于 2	1.15	合格
小于 0.075 mm 颗粒含量 / (%)	不高于 1	0.9	合格

表 7-12　细集料 (1# 热料仓) 试验检测

碎　石	样品规格	1# 仓 (0 ～ 3mm)	
安宁隆瑞采石场	代表数量	400m³	
检测项目	技术指标	检测结果	结果判定
表观相对密度	不低于 2.50	2.718	合格
堆积密度 / (g · cm⁻³)			
坚固性（大于 0.3 mm 部分）	不高于 12		
砂当量 / (%)	不低于 60	71	合格

3. 矿粉

采用碧鸡关采石厂生产的矿粉,矿粉干燥、洁净、无结块,矿粉日常进场按每天检验 2 次频率检测(见表 7-13)。沥青面层不使用拌和机回收的粉料,以确保沥青罩面层的质量。

表 7-13　矿粉质量检测表

工程部位	面　层	试验依据	JTG E42—2005	
判定依据	JTG F40—2004	材料用途	上面层	
样品名称	矿粉	样品规格	0 ~ 0.6	
产　地	碧鸡关采石厂	代表数量	200t	
序号	检测项目	技术指标	检测结果	结果判定
1	筛分		见筛分记录	合格
2	表观密度 /(t·cm^{-3})	不低于 2.50	2.653	合格
3	含水量 /(%)	不高于 1	0.3	合格
4	亲水系数	小于 1	0.47	合格
5	塑性指数	小于 4	3.3	合格
6	外观	无团粒结块	无团粒结块	合格

3. 纤维

一般可将木质素纤维、矿物纤维等作为纤维稳定剂掺加到 SMA 混合料内,本工程以木质纤维为主。

4. 温拌剂

采用 Sasobit 温拌剂。

(二)配合比确定

根据进场材料的性能检测结果,通过目标配合比并进行验证,通过试验监理工程师、第三方中心试验室和路面咨询服务组共同在现场进行沥青拌和楼的生产配合比调试验证。

1. 生产配合比设计阶段

确定各热料仓矿料和矿粉的用量。从二次筛分后进入各热料仓的矿料取样进行筛分,根据筛分结果,合成最佳级配曲线、通过计算以确定各热料仓矿料和矿粉的用料比例,供拌和机控制室使用。进行生产配合比设计时,生产级配与目标级配接近，生产配合比与目标配合比的马歇尔试件的体积性能指标一致，并反复调整冷料仓进料比例，以达到供料均衡。

确定最佳沥青用量。通过室内试验及从拌和机取样试验，综合确定生产配合比的最佳沥青用量，由此确定的生产配合比的最佳沥青用量与目标配合比设计的结果相差在 ±0.2% 范围内。

2. 生产配合比验证阶段

用生产配合比进行试拌，沥青混合料的技术指标合格后铺筑试验段。取试验段用的沥青混合料进行马歇尔试验检验、车辙试验、沥青含量和筛分试验，各项技术指标均满足要求，由此确定了正常生产用的标准配合比。标准配合比的矿料级配中，0.075 mm、4.75 mm、不低于 9.5 mm 筛孔的通过率接近优选的工程设计级配，通过各项试验检测确定了沥青混合料的生产配合比如下：料仓的掺配比例为 1# 料仓（0 ~ 3 mm）：2# 料仓（3 ~ 6 mm）：3# 料仓（6 ~ 11 mm）：矿粉 = 11% : 5% : 73% : 11%；沥青用量：5.8%，木质纤维添加量为混合料质量的 0.4%，最大理论相对密度为 2.560，毛体积相对密度为 2.457。

二、沥青路面温拌薄层罩面施工工艺

1. 拌和

沥青混合料拌和采用西筑 –JD4000（国产）间歇式有自动控制性能的拌和设备，时产量达 160 ~ 190 t，一锅的拌和数量最大 4 t，拌和温度控制在 170 ~ 185℃之间，超过 195℃者废弃。每盘的生产周期不宜少于 65 s，其中干拌时间不少于 18 s。出料必须保证均匀性，不可有亮色，不可有花白料。出料后检查混合料外观、温度等全部合格后方可送至施工现场。

为了准确计量，对于沥青混合料用的所有集料，采用仓库堆放的方法使其始终保持干燥状态，避免集料用量失控。为了保证能出厂合格的沥青混合料，拌和站由刘泯江负责检查：花白料、温度偏高或者偏小、油料偏少、拌和时间偏短、离析、矿粉量过多等，出现上面的任何一种情况必须废弃。

2. 运输

运输车辆装料前，彻底清扫车箱，运料汽车车厢内侧板不得沾有有机物质，车箱底板及周壁涂一薄层隔离剂，涂刷 1：3 的菜油水混合液防止黏车厢，易于卸料，但喷洒不得过量。驾驶员将空车辆开到料斗下停放，等待装料，装料应分三次，分别装在车厢的前、后、中部的方法分次装，并保持装料高度大致相同，减少混合料的离析，运输车辆设置篷布保温，在覆盖篷布的同时，试验人员使用玻璃棒液体温度计（300℃）插入式温度计测量混合料出场温度，插入深度要大于 15 cm，且将车厢全部覆盖，以保证到场温度。控制行车时间，保证沥青混合料到场温度下降不超过 10℃，对于温度低于规定的沥青混合料坚决废弃不用，并查找原因，分清是运输延误时间降温，还是拌和站原因，如属后者，应及时通知其调整温度。运输车辆到达现场时，应检查轮胎不得沾有泥土等污染路面的脏物。在摊铺过程中，运料车在摊铺机前 10 ~ 30 cm 处停住，不得撞击摊铺机。卸料过程中运料车应挂空档，靠摊铺机推动前进。现场设两专人指挥运输车辆，做到有条不紊、忙而不乱。

3. 摊铺

摊铺路面采用两台福格勒摊铺机进行摊铺，摊铺温度不低于 165℃，施工摊铺机安装了非接触式平衡梁，摊铺机装配有电子调平系统及可调振幅的振动夯具，能保证达到理想平整度和压实度。摊铺前应将熨平板预热至规定温度（不低于 110℃）。摊铺机的摊铺速度应根据拌和机的产量、施工机械配套情况及摊铺厚度、摊铺宽度，按起步速度为 0.5 ~ 1.0 m·min^{-1}，正常摊铺速度 1.0 ~ 3.0 m·min^{-1} 予以调整选择，做到缓慢、均匀、不间断地摊铺，最大摊铺速度不应超过 3 m·min^{-1}。摊铺机一定要保持摊铺的连续性，有专人指挥，摊铺机就位时、开始解开第一车篷布，当第一车要卸完时开始解开第二车篷布，将车倒到第一车前面准备，保证混合料均匀、不间断地摊铺，摊铺机前要经常保持 5 辆车以上，摊铺过程中不得随意变换速度，避免中途停顿，影响施工质量。摊铺机料斗两侧应保持有不少于送料器 2/3 高度的混合料，避免摊铺离析。摊铺过程中配合的工人不得随意在摊铺工作面上踩踏。对外形不规则路面、厚度不同、空间受限制等摊铺机无法工作的地方，经工程师批准可以采用人工铺筑混合料。对小面积的油斑，采用人工剔除和点播法修复。严禁人工大面积修补。

摊铺速度确定为

$$V=100Q/(60DWT) \times 0.8:$$

式中，V——摊铺机速度 (m·min^{-1})；

　　D——压实成型后沥青混合料的密度 (t·m^{-3})，2.457t·m^{-3}；

　　Q——拌和机产量 (t·h^{-1})，200 t·h^{-1}；

　　T——摊铺层压实成型后的厚度 (cm)，平均厚度 4cm；

　　W——摊铺宽度 (m)，双机平均宽度 10.5m；

所以

$$V=100 \times 200/(60 \times 2.457 \times 10.5 \times 4) \times 0.8 = 2.58 \text{ m} \cdot \text{min}^{-1}$$

4. 碾压

沥青混合料的压实是保证沥青面层质量的重要环节,应选择合理的压路机组合方式及碾压步骤。沥青混合料的碾压采用双钢轮振动压路机形式,用四台振动式压路机及时跟进压实。我项目部在试验路段施工过程中选用如下碾压工艺。

碾压程序如下。

(1)初压:钢轮压路机前进静压,返回弱振一遍。

(2)复压:钢轮压路机振动碾压两遍,钢轮压路机静压三遍。

(3)终压:钢轮压路机静压收光一遍,直到消除轮迹。

5. 接缝处理

横向施工缝全部采用平接缝,用 3 m 直尺沿纵向位置,在摊铺段端部的直尺呈悬臂状,以摊铺层与直尺脱离接触处定出接缝位置,用锯缝机割齐后铲除,遵从"停好机、舍得切、垫得准、起得稳、压得好"的原则;继续摊铺时,应将摊铺层锯切时留下的灰浆擦洗干净,涂上少量黏层沥青,摊铺机熨平板从接缝处起步摊铺,摊铺前熨平板应提前 0.5 ~ 1 h 预热至不低于 110℃;碾压时用钢筒式压路机进行横向压实,从先铺路面上跨缝逐渐移向新铺面层,以每次 15 cm 宽度为宜,直至全部在新铺面上为止。改为纵向碾压时,不要在横接缝上垂直碾压,以免引起新旧层错台。碾压完毕后要对平整度作专门测量,如不符合及时处理。确保接缝平整。相邻两幅及上下层的横向接缝均宜错位 1 m 以上。一般情况下,横向接缝应设置在桥梁伸缩缝的位置,伸缩缝施工时将其切掉,以消除横向接缝的不足。

应尽量杜绝产生纵向冷接缝。确因特殊原因需要冷接缝,必须根据冷接缝的厚度计算出热铺面的虚铺厚度,使其碾压后接缝平整、密实、不渗水。摊铺时采用梯队作业的纵缝应采用热接缝,将已铺部分留下 100 ~ 200 mm 宽暂不碾压,作为后续部分的基准面,然后做跨缝碾压以消除缝迹。

6. 养护及交通管制

SMA-10 沥青碎石混合料路面应待摊铺层完全自然冷却,混合料表面温度低于 50℃后,方可开放交通。

三、小结

从纤维增强应力吸收层使用效果来看,封水效果好,路面噪声小,摩擦因数大幅度提高,从外观看与一般的沥青混凝土罩面几乎看不出差别,但由于纤维增强应力吸收层仅能改善路面表面使用性能的原因，无法改善路面的平整度，作为路面施工的下封层效果较好，有预防早期裂缝的效果和封水效果。从云南云岭高速公路养护绿化公司的试验路段表明，在高速公路上用做下封层时应提前罩面工程一天以上时间进行施工效果更好。该工艺具有很好的推广应用价值。

附录 专业名词英文缩写及全拼

CPP，Critical Packing Parameter，临界堆砌参数

HLB，Hydrophile-Lipophile Balance Number，称亲水疏水平衡值，也称水油度

SBS，Styrene- Butadiene- Styrene，热塑性丁苯橡胶

SBR，Sequencing Batch Reactor Activated Sludge Process，丁苯胶乳

PH，Hydrogen ion concentration，氢离子浓度指数

Cape，capeseal，开普封层

PCR，喷洒型改性乳化沥青

BCR，拌和用乳化沥青

SDS，Sodium Dodecy I Sulfate，十二烷基硫酸钠

OMMT，Organo-montomorillonite，有机蒙脱土

PIT，Phase Inversion Temperature，乳液相转变温度

CTAB，Hexadecyl trime thy l ammonium Bromide，十六烷基三甲基溴化铵

PBL，Polybutylene Latex，聚丁烯胶乳

PVA，Polyvinyl Alcohol，vinylalcohol pol ymer，聚乙烯醇

NR，Natural latex，天然乳胶

CR，Chloroprene Rubber，氯丁胶乳

RAP，Recycled Asphalt Pavement，回收沥青路面材料

ARRA，Asphalt Recycling and Reclaiming Association，沥青再生协会

AASHTO，American Association of StateHighway and Transportation Officials，
         美国国家公路与运输协会

PSW，Poly- silicon Wire，聚合物改性稀浆精细表面处治

PSR，Proiect Status Report，车辙填补

ISSA，International Slurry Surfacing Association，国际稀浆封层协会

PMS，Pavement Management System，路面管理系统

PSI，Present Serviceability Index，预防性养护则在路面服务性指数

SHRP，Strategic Highway Research Program，美国公路战略研究计划

ITS，Intelligent Transport System，智能交通系统

HMA，Hot Melt Adhesive，热熔胶

参 考 文 献

[1] 黄颂昌，徐剑，秦永春 . 改性乳化沥青与微表处技术 [M]. 北京：人民交通出版社，2010.

[2] 徐传杰，才洪美，张小英 . SBS 胶乳改性乳化沥青制备技术研究 [J]. 石油炼制与化工，2010，41（11）：71–75.

[3] 孙行营 . 改性乳化沥青同步碎石封层技术在沥青混凝土路面预防性养护中的应用 [J]. 公路，2013（10）：219–223.

[4] 陈振明，周书林，于志 . 改性乳化沥青微表处技术在国道 G322 桂林至全州段公路养护中的应用 [J]. 公路交通科技（应用技术版），2011（6）：7–8.

[5] 弓锐，徐鹏，郭彦强 . SBS 改性乳化沥青的技术特点及应用前景 [J]. 内蒙古科技与经济，2013（5）：116–117.

[6] 李邦仁 . 浅谈干旱地区改性乳化沥青施工技术 [J]. 建筑工程技术与设计，2017（30）：1808.

[7] 王际洪 . SBS 改性乳化沥青生产技术的引进和应用 [J]. 交通世界，2017（13）：128–129.

[8] 申文义，陈新皆，张毅，等 . 超薄磨耗层 SBS 改性乳化沥青的研制与应用 [C]. 湖南省石油学会学术年会，2012.

[9] 盛国俊 . 掺加再生胶的阳离子乳化沥青改性试验研究 [J]. 第二届华东公路发展研讨会，2008（1）：291–292.

[10] 陈际江 . SBS 胶乳替换 SBR 胶乳应用于改性乳化沥青的技术对比探讨 [J]. 石油沥青，2017，31（4）：18–21.

[11] 王秀叶 . 改性乳化沥青在道路工程中的应用 [J]. 河南建材，2009（1）：50–51.

[12] 李维 . 对乳化 SBR 改性沥青及其微表处技术的探讨 [J]. 城乡建设，2010（1）：261–262.

[13] 马沉重 . 改性乳化沥青纤维同步碎石封层技术的应用 [J]. 筑路机械与施工机械化，2010，27（9）：51–53.

[14] 蒋丽丽. SBS 改性乳化沥青稀浆封层技术在农村公路养护工程中的应用研究 [J]. 科技与企业，2015（17）：131-132.

[15] 符俊杰，马尉倘，喻明. 改性乳化沥青冷再生技术在旧路改造中的应用 [J]. 山西建筑，2010，36（17）：265-267.

[16] 陈俊宇. 水泥路面应用水性环氧改性乳化沥青砂雾封层技术研究 [D]. 西安：长安大学，2015.

[17] 叶伟. 自研高性能改性乳化沥青在超薄磨耗层层间黏结中的应用 [J]. 中外公路，2017（2）：254-260.

[18] 饶福康. 复合改性乳化沥青稀浆封层技术在公路养护中的应用 [J]. 中国水运（下半月），2009，9（4）：236-237.

[19] 许坤. 复合改性乳化沥青稀浆封层技术在公路养护中的应用 [J]. 华东公路，2017（3）：74-75.

[20] 张立民，鄂海峰，宋潇帆，等. 改性乳化沥青及稀浆封层技术的研究与应用 [J]. 门窗，2017（4）：254-254.

[21] 李树勋，曹建阳，周欣，等. 高性能彩色改性乳化沥青及其微表处技术 [C]. 中国公路学会养护与管理分会学术年会，2016（1）：94-101.

[22] 张涛，王春明，宋波，等. 改性乳化沥青纤维封层试验研究及在工程中的应用 [C]// 中国公路学会道路工程分会 2014 年学术年会暨沥青路面养护技术论坛. 2014：91-92.

[23] 杨继升. 沥青路面改性乳化沥青同步碎石封层应用技术研究 [J]. 智能城市，2016（6）.

[24] 杨振国. 高温丁苯胶乳的合成与改性乳化沥青的制备研究 [D]. 大连：大连理工大学，2015.

[25] 裴金荣. 利用纳米粉体进行乳化沥青改性的研究 [D]. 济南：山东建筑大学，2014.

[26] 张秀芬. 乳化沥青稀浆封层技术的推广应用 [J]. 管理学家：学术版，2014（5）：284-285.

[27] 马鹏程，许金山，高淑美，等. 高铁专用乳化沥青改性剂性能研究 [J]. 齐鲁石油化工，2015（1）：10-13.

[28] 徐媛. 乳化沥青改性水泥砂浆在寒冷地区裂缝修补中的应用研究 [D]. 重庆：重庆交通大学，2013.

[29] 代应尧，石宏珠. 浅议乳化沥青改性混凝土在防治墙体抗裂施工中的应用 [J]. 建筑知识（学术刊），2014（B09）：390-390.

[30] 杨钦德. 关于乳化沥青改性水泥高流态砂浆材料的工作性能研究 [J]. 中国房地产业, 2013（3）: 391-391.

[31] 张恒基, 陈华鑫, 魏海斌, 等. 高固含量改性乳化沥青制备和性能分析 [J]. 中外公路, 2015, 35（2）: 264-267.

[32] 肖晶晶, 蒋玮, 王振军. 改性乳化沥青残留物性能检验与评价体系研究 [J]. 武汉理工大学学报, 2010（14）: 70-74.

[33] 刘琳琳, 尚培德, 李杨, 等. 聚丁烯胶乳/有机蒙脱土复合改性乳化沥青的性能 [J]. 合成橡胶工业, 2010, 33（6）: 441-444.

[34] 杜少文, 王振军. 水泥改性乳化沥青混凝土力学性能与微观机理 [J]. 同济大学学报（自然科学版）, 2009, 37（8）: 1040-1043.

[35] 黄振钧. 聚合物改性乳化沥青防水涂料在水泥砼桥面上的应用 [J]. 科学之友, 2010（10）: 20-21.

[36] 叶青. 浅析改性乳化沥青在公路工程中的处理与控制 [J]. 建材与装饰句刊, 2011（4）: 348-349.

[37] 张丹. 关于改性乳化沥青稀浆封层在公路施工中应用的探讨 [J]. 大科技, 2012（24）: 310-311.

[38] 张园. 改性乳化沥青稀浆封层施工技术分析与应用 [J]. 黑龙江交通科技, 2010, 33（4）: 15.

[39] 詹成根, 郝增恒, 李璐. 改性乳化沥青性能影响因素研究 [J]. 中国建筑防水, 2011（20）: 7-10.

[40] 王志国. 改性乳化沥青稀浆封层和热压灌缝等预防性养护措施及其意义 [J]. 交通世界（建养）, 2008, 163（1）: 82-83.

[41] 刘琳琳. PB胶乳/有机膨润土协同改性乳化沥青的性能研究 [D]. 长春: 长春工业大学, 2010.

[42] 吴香梅, 谢银军. 高分子聚合物改性乳化沥青残留物动力黏度试验技术分析 [J]. 科教导刊, 2013（22）: 193.

[43] 张伟, 李艳. 浅谈改性乳化沥青快速同步碎石封层施工技术 [J]. 华章, 2012（12）: 317.

[44] 张宗辉. 世界道路建设养护最新技术纤维封层 – 改性乳化沥青的创新应用 [C]// 2008 中国乳化沥青技术和路面维修养护技术大会, 2008（1）: 151-152.

[45] 焦革峰. 浅析改性乳化沥青玛蹄脂稀浆封层施工工艺 [J]. 民营科技, 2011（5）: 160.

[46] 安磊，李英杰，王宝慧，等.SBS 改性混合酰胺类乳化沥青的制备及性能的检测 [J].中国科技信息，2011（23）：108.

[47] 赵贵军.乳化沥青稀浆封层技术和施工工艺及其应用 [J].甘肃科技纵横，2009，38（3）：32-34.

[48] 张庆，郝培文，白正宇.水性环氧树脂与 SBR 复合改性乳化沥青性能研究 [J].新型建筑材料，2015, 42(3):43-46.

[49] 张莹莹，王立娟，张凯.阳离子型丁苯胶乳的合成及其改性乳化沥青的性能 [J].广州化工，2011，39（13）：93-95.

[50] 李刚.道路沥青改性用丁苯胶乳合成与应用技术研究 [D].兰州：兰州大学，2014.

[51] 徐天斌.浅谈改性乳化沥青的道路养护应用 [J].价值工程，2010, 29 (18):126.